生态流量技术指南丛书

下游对流量变化的响应法技术指南

侯俊　张越　苗令占　敖燕辉　丁伟　编

中国水利水电出版社

www.waterpub.com.cn

·北京·

内 容 提 要

　　下游对流量变化的响应法是由南非水域生态研究咨询中心开发的一种生态流量评估方法。本书根据国内外下游对流量变化的响应法相关资料编译而成，共分为 4 篇：第 1 篇总结了生态流量计算方法与演变过程，介绍了下游对流量变化的响应法起源及基础模块；第 2 篇介绍了下游对流量变化的响应法求解过程的三个主要阶段；第 3 篇介绍了下游对流量变化的响应法在生态流量评估及河流修复工作方面的应用情况；第 4 篇介绍了当前生态流量研究存在的主要问题并提出了下游对流量变化的响应法的改进建议。

　　本书是从事生态水力学、生态流量、水资源管理研究的参考性资料，特别对于下游对流量变化的响应法的学习、研究和应用具有一定的技术支持和指导意义。可供水利、生态和环境领域的科研人员，高等学校水利、生态、环境专业的教师和学生参考，也可供从事水资源管理和生态环境管理相关工作的人员参考。

图书在版编目（ＣＩＰ）数据

　　下游对流量变化的响应法技术指南 / 侯俊等编. --
北京 ： 中国水利水电出版社，2024.1
　　ISBN 978-7-5226-1890-6

　　Ⅰ. ①下… Ⅱ. ①侯… Ⅲ. ①下游－水环境－生态环境保护－指南 Ⅳ. ①X143-62

　　中国国家版本馆CIP数据核字(2023)第212059号

书　　名	生态流量技术指南丛书 **下游对流量变化的响应法技术指南** XIAYOU DUI LIULIANG BIANHUA DE XIANGYINGFA JISHU ZHINAN
作　　者	侯俊　张越　苗令占　敖燕辉　丁伟　编
出版发行	中国水利水电出版社 （北京市海淀区玉渊潭南路 1 号 D 座　100038） 网址：www. waterpub. com. cn E - mail： sales@mwr. gov. cn 电话：(010) 68545888（营销中心）
经　　售	北京科水图书销售有限公司 电话：(010) 68545874、63202643 全国各地新华书店和相关出版物销售网点
排　　版	中国水利水电出版社微机排版中心
印　　刷	天津嘉恒印务有限公司
规　　格	184mm×260mm　16 开本　9 印张　219 千字
版　　次	2024 年 1 月第 1 版　2024 年 1 月第 1 次印刷
定　　价	**68. 00 元**

前言

2018 年最新发布的《布里斯班宣言》（*Brisbane Declaration*）中将生态流量定义为维持水生生态系统基本功能，并用于支撑人类文化、经济、可持续发展与社会福祉所需的水量、时间和水质。水资源作为人类重要的战略资源之一，在支撑社会及经济发展的同时维持着水生态系统的健康。为满足社会经济的迅速发展，人类对水资源的开采与使用程度日益增加，各地建造的水利工程在满足发电、灌溉、航运等需求的同时，也对江河湖泊的生态环境造成不同程度的影响。水利工程的拦蓄作用改变了河流的天然水文情势，加之不合理的调度方法忽视了河道的生态功能，导致水域内主要物种的生存条件发生变化。如何在发挥水利工程功能的同时保障河道适宜生态流量是目前亟待解决的问题。近年来，随着水生态文明建设理念的不断深入，各类以保护水生态环境为目标的水利工程调度补偿措施不断得到发展与应用，生态流量不断作为保护目标被纳入到水利工程调度方案设计当中，但该领域的研究仍处于逐步深化的阶段。

为大力推进生态文明建设，2018 年以来，中华人民共和国水利部相继印发了《关于做好河湖生态流量确定和保障工作的指导意见》《全国重点河湖生态流量确定工作方案》等文件，明确了全国重点河湖生态流量保障技术体系和工作安排，以及要编制全国 477 条重点河湖生态流量保障实施方案，并印发四批次重点河湖生态流量保障目标文件，制定了 283 个控制断面生态流量保障目标，切实依法加强河湖生态流量管理，做好河湖生态流量确定和保障工作。

我国对于生态流量的研究起步较晚，研究方法以水文学、水力学法为主，围绕这些方法开发出各项指标体系用于建立流量与水生态系统之间的关系并应用到河流生态修复工程及水资源管理当中。随着研究的不断深入，我国对生态流量的研究理论体系不断成熟，逐渐总结了许多适合实际情况的研究方法，并在水生态环境响应机制、流域水系时空变化规律、栖息地模型模拟等方面取得了显著成果。然而，在体系复杂且需要多个领域专家合作的生态流量整体法的应用上，我国仍缺乏经验。本书通过系统整理下游对流量变化的响应（downstream response to imposed flow transformations，DRIFT）法的主要内容及应用情况，以期抛砖引玉，为我国生态流量的研究实践提供方法上的借鉴。

DRIFT 法是由南非水域生态研究咨询中心开发的一种生态流量评估方法。该方法基于场景开发模式，通过生物物理模块、社会学模块、场景开发模块以及经济模块将所有生物与非生物组成部分构成整体的生态系统，从水文学、河流地貌学、沉积学、生物学、社会学、经济资源学等多方面进行生态流量评估及水生态系统健康评价。DRIFT 法应用过程包含基础设置、信息获取及结果分析三个主要步骤，是一套结构化的生态流量评估方法，该方法具备学科交叉性与整体性，凭借独特的对流量变化场景的开发功能在南非、东南亚等地发展中国家的项目中得到广泛应用，例如奥卡万戈河生态流量评估、奥勒芬兹河河流修复、赞比西河下游生态系统保护等项目。近年来，南非学者相继出版了 *DRIFT：DSS software development for Integrated Flow Assessments* 和 *Development of DRIFT，a scenario-based methodology for environmental flow assessments* 以及 *User manual for the DRIFT DSS software* 等。本书是在上述系列文件、报告、著作以及国内外相关文献资料编译的基础上完成的，旨在推动我国生态流量研究方法的交流和发展。DRIFT 法基本内涵是将研究区域内主要的非生物与生物组成部分构成待管理的生态系统。在该生态系统中，流量及其时空变化情况成为待管理的目标，假设不同水流状态会引起河流生态系统不同的响应形式，以此求得不同水资源开发条件及保护目标下河道的适宜生态流量。

第 1 篇总结了现有的生态流量计算方法及下游对流量变化的响应法起源、内涵及模块构成情况，作为 DRIFT 法的基本信息介绍。本篇内容共包含两章。第 1 章从水文学法、水力学法、生物栖息地法与整体法四类方法着手总结了目前已有的生态流量计算方法及相应的优缺点，帮助读者初步了解当前生态流量的研究进展。第 2 章概述了 DRIFT 法的开发背景及相应的模块构成情况，为后续学习该方法奠定了基础。

第 2 篇系统完整地描述了应用 DRIFT 法进行生态流量评估研究所要经历的三个步骤。内容一共包含三章。第 3 章介绍了 DRIFT 法基础设置阶段，主要包括组建专家团队、划分研究区域、选择研究地点、设置流量场景及选定研究指标等相关工作。第 4 章描述了 DRIFT 法获取信息阶段，主要介绍了当前水文监测与模拟用到的主要平台及方法，从生物物理指标及社会指标两方面总结了 DRIFT 法对流量变化下生态系统响应情况的预测过程。第 5 章介绍了 DRIFT 法分析阶段，主要描述了应用该方法评估生态流量所得到研究结果的表现形式以及生态完整性评分。

第 3 篇分两章详细介绍了目前 DRIFT 法的应用案例及相关研究成果。第 6 章以奥卡万戈河生态流量评估、奥勒芬兹河河流修复工作以及赞比西河下游生态系统保护三个研究项目为例介绍了不同研究目的下 DRIFT 法的应用情况及相应的研究结果。第 7 章以南非布里德河水资源开发项目为背景介绍了生态流量整体法中的典型代表下游对流量变化的响应法、结构单元（building block methodology，BBM）法以及流量–压力–响应（flow stress or response method，FSR）法并行应用情况，总结了三种方法的优缺点以及不同之处，探讨了多种生态流量评估法兼容使用的可行性。

第 4 篇介绍了当前生态流量研究存在的主要问题，提出未来生态流量研究的方向，总结了 DRIFT 法的开发意义并对其改进方向提出了相应建议，旨在为 DRIFT 法应用过程中如何进行河流流量管理提供思路。

本书的编写工作主要由侯俊、张越、苗令占、敖燕辉、丁伟完成。第 1 章和第 2 章由侯俊、张越、敖燕辉、丁伟完成，总结了生态流量计算方法与演变过程，分析各类方法优缺点，引出下游对流量变化的响应法并对该方法起源及基础模块构成进行介绍。第 3～5 章由侯俊、张越、苗令占、龚雪滢、李臻宇、尹雪雪完成，主要内容包括：①对 DRIFT 法求解过程第一步进行描述，总结该方法在组建团队、划定区域、设定场景、选择指标等过程中涉及的主要工作；②对 DRIFT 法求解过程第二步进行描述，总结该方法在模型搭建等过程中涉及的主要工作；③对 DRIFT 法求解过程第三步进行描述，总结该方法在结果分析中涉及的主要工作。第 6～7 章由侯俊、张越、敖燕辉、丁伟、楼逸帆、王丹完成，该部分对国外应用 DRIFT 法完成的生态流量评估及河流修复工作做了详细介绍，同时结合 BBM 法、DRIFT 法与 FSR 法在南非布里德河流域并行应用的研究，分析三种代表性生态流量整体法在应用方面的差异与各自的优缺点。第 8 章由侯俊、张越、敖燕辉完成，阐述了当前生态流量研究存在的主要问题及展望，同时提出了 DRIFT 法的改进建议。

感谢国家重点研发计划项目"南水北调西线工程调水对长江黄河生态环境影响及应对策略"课题"水源区生态环境需水评估方法与动态调配技术"（2022YFC3202402）、国家重点研发计划项目"水利工程环境安全保障及泄洪消能技术研究"课题"水利工程环境流量配置与保障关键技术研究"（2016YFC0401709）、国家自然科学基金委优秀青年科学基金项目"水环境保护与生态修复"（51722902）等项目资助以及国家"万人计划"、科技部"创新人才推进计划"、"江苏特聘教授"、江苏省"333 工程"、中国水利学会"青年人才助力计划"等人才计划的支持。

由于编者水平有限，书中难免存在疏漏和不足之处，敬请读者批评和指正。

编者

2023 年 10 月

目录

第3篇　典型应用案例

第4篇　下游对流量变化的响应法展望

第 1 篇

下游对流量变化的
响应法概述

引言

　　生态流量维持了河流自身结构和功能的完整性，自 20 世纪 70 年代开始成为水资源领域的研究热点。目前有关生态流量的研究大部分以水文学法、水力学法及生物栖息地法为主，对整体法的研究及应用较少。

　　本篇内容主要包括梳理生态流量主要的计算方法及演变过程，同时引出生态流量整体法中的下游对流量变化的响应（downstream response to imposed flow transformations, DRIFT）法，详细介绍了该方法的起源、内涵、原理以及模块构成情况。

第1章 生态流量计算方法演变

2018 年最新发布的《布里斯班宣言》（*Brisbane Declaration*）中更新了对生态流量的定义，即维持水生生态系统基本功能并用于支撑人类文化、经济、可持续发展与社会福祉所需的水量、时间和水质（Arthington 等，2018）。目前国内外生态流量计算方法超过 200 种，主要分为水文学法、水力学法、生物栖息地法与整体法四类。各类生态流量计算的代表性方法如下。

1.1 水文学法

水文学法在四类生态流量计算方法中最早被提出，该类方法主要根据长时间序列水文数据确定河道所需流量，计算简单且成本较低。水文学法中最早提出并且应用最广泛的是美国专家 Tennant 在 1976 年提出的 Tennant 法，该方法奠定了生态流量研究的理论基础，在此基础上一些国家根据当地河流径流特征选取不同比例计算生态流量（Alves 和 Henriques，1994；Tennant，1976）。在 Sugiyama 等提出随机流量历时曲线的概念后，专家学者耦合流量历时曲线开发了不同保证率下的生态流量计算方法，如英国、澳大利亚等国家主要采用 Q_{95} 法（流量保证率 95%），新西兰、加拿大等国家主要采用 Q_{90} 法（流量保证率 90%），北美、意大利等国家主要采用 $7Q_{10}$ 法（90% 保证率下连续 7 天的最小日平均流量）（桑连海等，2006）。20 世纪 90 年代，水文学研究逐渐与生态过程结合并衍生出生态水文学，该学科强调了水文过程与生态过程的耦合机制，专家学者在此学科基础上陆续提出一系列能够反映河流流量过程可变性与生态变化相关性的生态水文学法，其中将河湖流量及生态变化过程相结合形成的水文指标评价体系及变动范围法应用最广泛（Mathews 和 Richter，2007）。水文学法中的代表性方法如下。

1.1.1 Tennant 法

Tennant 法提出了基流量的概念，通过分析美国河流断面数据、物种、环境与流量之间的影响规律，计算河道某一时期流量占该河道年平均流量的百分比，定义河道流量与水生态系统健康的关系，河流流量状况分级评价表见表 1-1。

Tennant 法是一种基础性的生态流量计算方法，由于该方法在开发过程中主要参照美国干旱与半干旱地区 11 条永久性河流的流量变化特征，因此在使用上具有一定的局限性。针对不同地区及季节变化特征，相关研究学者开始从多方面对 Tennant 法进行改进，主要包括以下方面。

表 1-1　　　　　　　　　　　河流流量状况分级评价表

水生态系统健康状况	推荐基流（年平均流量百分比）/%	
	一般用水期	鱼类产卵育幼期
最大	200	200
最佳流量	60～100	60～100
极好	40	60
非常好	30	50
好	20	40
一般	10	30
差或最小	10	10
极差	0～10	0～10

1. 特定时期划分

传统 Tennant 法根据鱼类产卵特性将一年分为一般用水期与鱼类产卵育幼期。由于不同河流生存物种类型不同，且河流规划保护目标存在差异，因此各时期划分需根据具体目标河流状况进行分析。同时还可以根据河流实测水文数据计算各月的径流量增长率，划分汛期与非汛期并确保划分时段符合河流实际状况（Fu 等，2020）。

2. 季节修正系数（任朋和齐进，2020）

对于降雨集中地区，为保证 Tennant 法计算标准更符合流域季节性水文变化情况，可引入季节修正系数对传统 Tennant 法中的流量百分比进行修正，具体操作如下：

（1）求出目标流域内 n 个控制站点长时间序列下的汛期与非汛期平均流量 $\overline{Q_{汛}}$ 与 $\overline{Q_{非汛}}$。

（2）用控制站点各年汛期与非汛期流量 $Q_{汛}$、$Q_{非汛}$ 分别与 $\overline{Q_{汛}}$、$\overline{Q_{非汛}}$ 作比值得到流量模数 $k_{汛it}$ 与 $k_{非汛it}$，其中 i 为控制站序号，t 为时间，这里取年。

（3）汛期与非汛期河道整体流量模数 $k_{汛t}$ 与 $k_{非汛t}$ 的求解公式为

$$k_{汛t} = \frac{\sum\limits_{i=1}^{n} k_{汛it}}{n} \tag{1-1}$$

$$k_{非汛t} = \frac{\sum\limits_{i=1}^{n} k_{非汛it}}{n} \tag{1-2}$$

求出目标河道各典型年流量偏差系数，选取偏差系数最接近 0 的年份作为典型年，结合典型年平均流量与多年平均流量求得汛期与非汛期流量季节修正系数 a_i。

各典型年流量偏差系数为

$$C_v = \frac{|k_{汛t} - 1| + |k_{非汛t} - 1|}{2} \tag{1-3}$$

修正系数为

$$a_i = \frac{Q_{典i}}{Q_{均i}} \tag{1-4}$$

　　典型年流量过程能有效反映河流年内变化特征，以典型年为标准计算得到季节修正系数并对传统 Tennant 法各类流量比例进行修正，可以使其计算得到的生态流量更符合目标河流的实际情况。

　　3. 中位数代替平均数

　　传统 Tennant 法根据多年平均流量与相应比例求得不同河流状况下的生态流量。对于部分受气候影响较大地区的河流（如海南岛河流水文情况受大型台风影响严重），往往在个别月份出现极值流量影响平均流量的代表性情况。为消除特殊气候对当地河流带来的极端值影响，根据中位数受分布偏斜度造成的数据失真影响较小的特征（刘瑞民等，2008），可因地制宜选取中位数作为推荐基流量。

　　4. 引入生态流速计算生态流量

　　鱼类物种对于生态流量的需求往往体现在流速的变化上，如四大家鱼（青鱼、草鱼、鲢鱼、鳙鱼）鱼苗"腰点流速"（"腰点流速"可认为是产卵及鱼卵孵化的下限流速）为 0.2m/s，流速需维持在该值以上以保证鱼苗不下沉（陈永柏等，2009）。因此可利用统计软件结合现有实测水文数据对流速及流量数据关系进行分析，根据相关性分析拟合获得流量—流速关系方程，根据当地河流鱼类生命周期及生态流速需求计算相应时期所需的生态流量并用于改良传统 Tennant 法计算结果。

1.1.2　流量历时曲线法

　　年内及年际流量处于周期性或非周期性的律动中，不同等级流量能营造不同的生境并反映独具特色的生态意义。流量历时曲线是水流大小在频率上的变化曲线，表示观察时间内超过某一流量值所对应的频率（Sugiyama 等，2003）。流量历时曲线可以反映流量在频率域上的分布特征，通常流量历时曲线上保证率为 90%、75%、50%、25% 与 10% 所对应流量为枯水、偏枯、正常、偏丰与丰水年下的河道水文过程。以流量历时曲线为基础，专家学者提出一系列相关的生态流量计算方法。

　　1. 90% 最小日平均流量法

　　采用 90% 保证率下的月平均流量作为生态基流。从多年径流资料中选取各月份最低日流量，利用流量频率曲线得到 90% 频率下的流量取值，作为每月的生态流量。

　　2. 最枯月平均流量法

　　在长序列水文数据中选取最枯月实测流量数据的平均值作为河流的生态基流量。在实际应用中一般取近十年每一月份的最枯月均流量值作为研究区域该月的生态流量。

　　3. Texas 法

　　Texas 法是对多年水文数据中各月平均流量的频率进行分析，通过流量频率曲线选取 50% 保证率下月流量值的特定百分率作为生态流量，参考过往研究经验，特定百分率通常取 30%（Mathews 和 Bao，1991）。

　　4. NGPRP 法

　　NGPRP 法利用距平公式将水文年分为枯水年、平水年及丰水年三组年份，取平水年组 90% 保证率下的流量作为生态流量（Dunbar 等，1997），典型年组计算公式为

$$E = \frac{Q_i - Q_a}{Q_a} \times 100\% \qquad (1-5)$$

式中 E——流量的距平百分比；

Q_i——第 i 年的平均流量，m^3/s；

Q_a——多年平均流量，m^3/s。

取 $E \leqslant -20\%$ 的年份为枯水年；$E > 20\%$ 的年份为丰水年；其余年份为平水年。

1.1.3 IHA-RVA 法

水文改变指标—变动范围（indicators of hydrologic alteration - range variability approach, IHA-RVA）法是生态水文学中典型的生态流量计算方法，该方法以 Richter 等结合河湖流量及生态变化过程提出的水文改变指标（表1-2）为基础，利用 RVA 阈值计算流量过程线的变化范围并估算河道生态流量。其定义为当正常水文特征值（均值）的变动范围不超过天然可变范围（即 RVA 阈值差）时河道能维持河流生态系统健康。由此确定生态流量计算公式为（舒畅等，2010）

$$S_{ecology} = \overline{S} - (S_{上限} - S_{下限}) \tag{1-6}$$

式中 $S_{ecology}$——生态流量值；

$\overline{S}$——流量均值；

$S_{上限}$——RVA 上限阈值；

$S_{下限}$——RVA 下限阈值。

各值单位均为 m^3/s。

表 1-2　　　　　　　　水文改变指标参数及其对生态系统的影响

IHA 指标	水 文 参 数	对生态系统的影响
月流量值	各月流量均值或中值	影响水生生物栖息地质量，为水生生物提供保护场所，影响水温、溶解氧等理化环境
年极端流量	年最小平均流量、年最大平均流量、基本水位（7天最小流量/年均流量）	影响生物体之间竞争的平衡、河流和漫滩的养分交换、湖泊植物群落的分布；极端流量对水体净化、产卵河床曝气等作用的持续时间产生影响
年极值流量发生时间	年最低流量时间、年最高流量时间	影响生物对自身生命周期的适应性、对鱼类洄游产卵时间产生影响，使生物生存策略及行为机制演化
高低流量频率与历时	年低流量频率及持续时间、年高流量频率及持续时间	影响洪泛区生物的生境质量；促进/抑制河流与洪泛平原之间营养物质及有机质的交换、影响土壤矿化程度、影响水鸟取食，栖息繁殖的场所数量
流量改变率与频率	年流量平均增加率、年流量平均减少率、年流量逆转的次数	影响水生植物生境质量，影响洪泛区生物的捕食行为，缺水情况下对周边低移动性生物产生威胁

IHA-RVA 法可根据水文参数对应生态系统影响因地制宜调整河道生态流量，如 Galat 和 Lipkin（2000）应用 RVA 法调整水库运行模式，增加流量脉冲、减少流量逆转次数，为密苏里河设计了一种接近自然条件的生态流量过程。为解决该方法参数过多、计算繁琐等问题，Smakhtin 等（2006）对水文指标进行了筛选，选取其中 16 项指标较好代表了河道生态流量特征，同时提高了实际应用与管理效率。

当前水文学法仍是应用最广泛的生态流量评估方法。Tennant 法目前主要用于生态流量的对比分析，通常是利用其他方法计算生态流量，再计算生态流量值与多年平均流量的比值，根据 Tennant 法中的河流流量状况分级评价表（表 1-1）反推计算得到的生态流量所处的水生态系统健康状况。流量历时曲线法多是专家学者计算流量频率曲线并应用多种衍生方法对河流生态流量进行综合计算，如黄彬彬等（2020）根据赣江流域 62 年流量资料，应用 90% 最小日平均流量法、最枯月平均流量法、NGPRP 法等 6 种水文学法分析流域内生态流量过程。李佳惠、张丹蓉等（2022）应用最枯月平均法、改进流量历时曲线法和频率曲线法等计算闽江下游河道生态需水量，并根据多种水文学法计算结果的内包线作为河道生态流量。IHA-RVA 法则在评估不同流量过程下的生态效应研究中具有独特优势。

1.2 水力学法

水文学法虽然应用简单，但计算过程通常需要长时间序列的水文数据，对于缺少实测数据及生境资料的地区无法适用。为解决以上问题，专家学者研究开发了水力学法，通过河道水力参数（宽度、深度、流速等）与流量过程的关系，推求维持河流生态系统结构与功能的基本需水量，该类方法适用于缺乏详细水文及生态信息地区，基本的流量数据可通过现场监测获得（徐志侠等，2004）。水力学法数量在生态流量计算方法数量中占比约11%，主要方法包括湿周法、R2-Cross 法以及生态水力法。

1.2.1 湿周法

湿周法是将湿周（河道横断面在水面以下的线性长度）作为河流栖息地健康评级指标来计算生态流量。该方法基础理论为当流量较小时，湿周随流量的增加而快速增加，当流量到达一定值后，湿周增加速度变缓，与流量湿周关系增长变化点相对应的流量可以作为河道最小生态流量。采用湿周法计算生态流量需要建立研究区域典型河道断面的湿周与流量的关系曲线。湿周-流量关系曲线如图 1-1 所示。图中转折点所对应流量即为维持河道生态功能的最小生态流量，在该点曲线曲率为 45°，斜率为 1，湿周随流量减少而显著减小。转折点位置受河道形态、底质结构、断面位置、支流数量等影响，情况复杂河道湿周与流量的规律性较

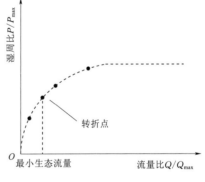

图 1-1 湿周-流量关系曲线图

差，关系曲线图可能出现多个转折点，在此种情况下选择曲线上最低转折点对应的流量为最小生态流量。

1.2.2 R2-Cross 法

R2-Cross 法是美国科罗拉多州水利委员会为保护高海拔浅滩栖息地鱼类（鲑鱼、鳟鱼等）而开发的。该方法以曼宁公式为基础，选择无脊椎动物或鱼类繁殖的栖息地作为典型断面，通过分析断面实测地形资料，选取典型参数，计算满足该处生物生存的临界流量需求并作为代表整条河流的生态流量。曼宁公式具体为

$$Q = \frac{1}{n} \frac{A^{5/3} J^{1/2}}{P^{2/3}} \tag{1-7}$$

式中　Q——流量，m^3/s；

　　　A——过水断面面积，m^2；

　　　P——湿周，m；

　　　J——水力坡度；

　　　n——曼宁粗糙系数。

R2-Cross 法主要应用水力模型模拟水力参数与流量变化之间的关系（Bovee 和 Milhous，1978），根据模拟结果及专家意见确定生态流量，评判标准主要包括湿周率以及目标栖息地下的河流宽度、水深及流速。R2-Cross 法的基本原理是根据水生生物生境条件需求推导水力参数，计算满足河道内物种生存所需要的生态流量，具体步骤如下。

（1）确定河道内目标物种。河流生态系统结构复杂，物种多样，须根据现场调研情况选取指示物种（珍稀保护动物或经济物种），并根据其生命周期内对河道流量的需求情况，间接推导研究区域内的河道生态流量。河流生态系统中，浮游植物构成了水生态系统食物网的重要基础，其群落结构分布、多样性指数及种类丰富度可反映环境的瞬时变化和短期效应。浮游动物是水生态系统中的重要组成部分，具有种类多、分布广、繁殖快、生命周期短等特点，是大多数水生生物和浮游生物的开口饵料，其种类和密度变化在一定程度上能反映水体受污染的程度及繁殖能力的高低（刘双爽等，2017）。鱼类是水生态系统中的顶级群落，其对水质条件、水温及水系分布的敏感性是被用于水环境监测的理论基础（Fausch 等，1990）。在所有水生生物中，鱼类具有运动能力强、寿命长的特点，可作为水生态系统中具有长期监测需求的指示物种。

（2）确定水力参数。生态水深指保障一定生态目标且确保河道生态系统基本生态功能所对应的最低水深。生态流速为维持河流生态系统基本功能的水流流速。根据实地调研情况统计河道内目标物种的适应流速作为生态流速，并根据典型断面形状特征推导相应的生态水深。除生态水深与生态流速外，还可以根据研究区域断面特性选取水面宽度、湿周率等其他参数作为计算目标。

（3）确定生态流量。选取典型断面并记录断面特性，应用曼宁公式推导典型断面下不同水深与流速所对应的断面流量，通过试算不同流量对应的断面水力参数，直至所有断面参数满足保护标准，确定相应河道的流量为生态流量。

1.2.3　生态水力法

为避免研究河道断面无法代表整体河流情况的问题。李嘉等（2006）提出生态水力学法，将流速、水深、过水断面面积与湿周等作为影响物种分布与数量的水力生境参数，计算满足目标水生生物的水力生境参数并以此确定生态流量。该方法主要计算步骤如下：

（1）应用水动力模型模拟研究区域河段在不同流量工况下水力生境参数沿程变化情况。

（2）对不同流量工况下的水力生境参数进行分区。

（3）统计各流量工况下不同水力生境参数在各区间上对应的河段长度，计算各区间河段长度占总河道长度的百分比。

（4）统计各流量工况下的水力生境参数并与参数标准进行对比，寻找满足各类水力参数标准下的最低流量作为生态流量。

选取鱼类作为目标物种，计算各水力生境参数对应最低标准与累计河长。生态水力学法计算生态流的水力生境参数标准见表1-3。

表1-3 生态水力学法计算生态流的水力生境参数标准（章运超等，2020）

水力生境参数	最 低 标 准	累计满足标准的河长百分比/%
最大水深	鱼类体长的2~3倍	95
平均水深	≥0.3m	95
平均流速	≥0.3m/s	95
水面宽	≥30m	95
湿周率	≥50%	95
过水断面面积	≥30m²	95

1.3 生物栖息地法

水力学法主要根据河道参数计算生态流量，缺少足够的生态数据作为支撑，其评估结果缺乏可靠性（Yang等，2008）。生物栖息地法是在水力学法的基础上进一步发展而来的，该类方法考虑了自然栖息地随河道流量的变化，选择特定物种并确定不同流量对应的栖息地可利用范围，根据栖息地面积与河道流量的关系确定适宜物种生存的生态流量。该类方法中应用较广的是1970年由美国科罗拉多州与野生动物保护组织共同开发的河流生态流量评价方法——河道内流量增量（instream flow incremental methodology，IFIM）法，该方法将理论解析与模型模拟相结合，假定河流中物种分布受水力条件控制，建立鱼类及野生动物参数与河道流量的关系，将维持目标物种所需栖息地面积的流量过程作为生态流量（Wallingford，2003）。总体来说，生物栖息地法选择特定水生生物为保护目标，结合模型模拟定量评估生境质量与流量关系，以此确定河道生态流量，其研究过程主要包括模型模拟及生境指标计算。

1.3.1 生物栖息地法常用模型

1. PHABSIM 模型

物理栖息地（physical habitat simulation system，PHABSIM）模型是20世纪70年代末美国鱼类及野生动物管理局根据IFIM概念建立的模型，该模型主要包括水动力模拟与栖息地模拟两部分，是IFIM法中最经典的模型。PHABSIM模型栖息地模拟模块主要结合生物栖息地法常用指标完成，水动力模拟模块主要应用对数回归（IFG4）法、渠道输送（MANSQ）法、标准步推（WSP）法计算河道断面不同流量对应的水深、流速及水位。

（1）IFG4法。利用各断面历时水文资料推求回归方程参数，根据回归方程式计算断面在不同流量下的水深，即

$$D = aQ^b \tag{1-8}$$

式中　a、b——回归方程参数；

　　　D——水深，m；

　　　Q——流量，m³/s。

（2）MANSQ 法。利用渠道断面流量水深资料推求断面的糙率系数，按照均匀流方程式推导水位，即

$$Q = A \frac{1}{n} R^{2/3} S_0^{1/2} = \frac{1}{n} f(D) A \tag{1-9}$$

式中　A——断面过水面积，m^2；

　　　R——断面水力半径，m；

　　　S_0——水力坡度；

　　　n——粗糙系数；

　　　D——水深，m。

（3）WSP 法。利用缓变流水面线方程式，根据下游已知水深按照标准步推法逐步计算上游各断面水深，即

$$\frac{y_{j+1} - y_j}{x_{j+1} - x_j} = \frac{\overline{S}_f - S_0}{1 - \overline{F}^2} \tag{1-10}$$

$$\overline{S}_f = (S_{f,j} + S_{f,j+1})/2$$

$$\overline{F} = \left(\frac{F_j + F_{j+1}}{2} \right)^2$$

式中　x_j、x_{j+1}——第 j 断面与第 $j+1$ 断面的横向距离，m；

　　　y_j、y_{j+1}——第 j 断面与第 $j+1$ 断面的纵向水深，m；

　　　　　S_0——底床坡度；

　　　　　S_f——摩阻坡度；

　　　　　F——傅里叶系数。

2. River2D 模型

River2D 模型是将二维水动力模拟和鱼类栖息地模拟相结合的模型，该模型主要用于应用有限元计算模拟目标物种在不同流量状态下对流速及水深的偏好性分布，结合鱼类栖息地模型耦合得到目标物种的适宜性栖息地分布情况并建立流量与栖息地变化之间的联系（Steffler，2002）。研究河道流量变化情况主要应用的是 River2D 水动力模块，其控制方程包括能量方程及 x、y 方向的动量守恒方程，即

$$\frac{\partial H}{\partial t} + \frac{\partial q_x}{\partial x} + \frac{\partial q_y}{\partial y} = 0 \tag{1-11}$$

$$\frac{\partial q_x}{\partial t} + \frac{\partial (u q_x)}{\partial x} + \frac{\partial (v q_y)}{\partial y} + \frac{g}{2} \frac{\partial H^2}{\partial x}$$

$$= gH(S_{0x} - S_{fx}) + \frac{1}{\rho} \left[\frac{\partial}{\partial x} (H \tau_{xx}) \right] + \frac{1}{\rho} \left[\frac{\partial}{\partial y} (H \tau_{xy}) \right] \tag{1-12}$$

$$\frac{\partial q_y}{\partial t} + \frac{\partial (u q_y)}{\partial x} + \frac{\partial (v q_y)}{\partial y} + \frac{g}{2} \frac{\partial H^2}{\partial y}$$

$$= gH(S_{0y} - S_{fy}) + \frac{1}{\rho} \left[\frac{\partial}{\partial x} (H \tau_{yx}) \right] + \frac{1}{\rho} \left[\frac{\partial}{\partial y} (H \tau_{yy}) \right] \tag{1-13}$$

式中　　　　H——水深，m；

　　　　u、v——x、y 方向的流速，m/s；

q_x、q_y——x、y 方向的流量，m^3/s；

g——重力加速度，m/s^2；

ρ——水密度，kg/m^3；

S_{0x}、S_{0y}——x、y 方向的河长坡度；

S_{fx}、S_{fy}——x、y 方向的摩阻坡度；

τ_{xx}、τ_{xy}、τ_{yx}、τ_{yy}——水平方向上的剪切应力张量的分量，Pa。

假设剪应力与平均流速水深的大小和方向有关，根据河床剪应力计算摩阻坡度，即

$$S_{fx} = \frac{\tau_{bx}}{\rho g H} = \frac{\sqrt{u^2 + v^2}}{g H C_s^2} u \tag{1-14}$$

式中 τ_{bx}——x 方向上的河床剪切应力；

C_s^2——谢才系数。

3. MIKE21 模型

MIKE21 模型是由丹麦水利研究所研发的一款能够模拟二维自由表面水流功能的模型（Warren 和 Bach，1992）。该模型主要用于模拟河流、河口、湖泊等水流变化特征，在工程建设及水环境保护研究中得到广泛应用。该模型的基本原理基于纳维尔-斯托克斯（Navier-Stokes）方程，服从静水压力假设和布辛涅司克（Boussinesq）假设，即

$$h = \eta + d \tag{1-15}$$

平面二维水流连续性方程为

$$\frac{\partial h}{\partial t} + \frac{\partial h\bar{u}}{\partial x} + \frac{\partial h\bar{v}}{\partial y} = hS \tag{1-16}$$

平面二维水流的动量方程为

$$\frac{\partial h\bar{u}}{\partial t} + \frac{\partial h\bar{u}^2}{\partial x} + \frac{\partial h\bar{u}\,\bar{v}}{\partial y} = f\bar{v}h - gh\frac{\partial \eta}{\partial x} - \frac{h\partial P_a}{\rho_0 \partial x} - \frac{gh^2}{2\rho_0}\frac{\partial \rho}{\partial x} + \frac{\tau_{sx}}{\rho_0} - \frac{\tau_{bx}}{\rho_0} - \frac{1}{\rho_0}\left(\frac{\partial s_{xx}}{\partial x} + \frac{\partial s_{xy}}{\partial y}\right)$$
$$+ \frac{\partial}{\partial x}(hT_{xx}) + \frac{\partial}{\partial y}(hT_{xy}) + hu_sS \tag{1-17}$$

$$\frac{\partial h\bar{u}}{\partial t} + \frac{\partial h\bar{u}^2}{\partial y} + \frac{\partial h\bar{u}\,\bar{v}}{\partial x} = -f\bar{v}h - gh\frac{\partial \eta}{\partial y} - \frac{h\partial P_a}{\rho_0 \partial y} - \frac{gh^2}{2\rho_0}\frac{\partial \rho}{\partial y} + \frac{\tau_{sy}}{\rho_0} - \frac{\tau_{by}}{\rho_0} - \frac{1}{\rho_0}\left(\frac{\partial s_{yx}}{\partial x} + \frac{\partial s_{yy}}{\partial y}\right)$$
$$+ \frac{\partial}{\partial x}(hT_{xy}) + \frac{\partial}{\partial y}(hT_{yy}) + hv_sS \tag{1-18}$$

$$h\bar{u} = \int_{-d}^{\eta} u\,\mathrm{d}z \qquad h\bar{v} = \int_{-d}^{\eta} v\,\mathrm{d}z \tag{1-19}$$

式中 t——时间；

g——重力加速度；

η——河底高程；

h——总水头，$h = \eta + d$；

u、v——x、y 方向的速度分量；

x，y 和 z——笛卡儿坐标；

$\bar{u}$、$\bar{v}$——水深平均流速；

d——静止水深；

u_s、v_s——源汇项水流的流速；

ρ——水的密度；

P_a——大气压强；

S——点源流量大小；

ρ_0——水的相对密度；

s_{xx}、s_{xy}、s_{yx}、s_{yy}——应力的分量。

应力项主要有包括黏滞和湍流摩擦以及差异平流，并可由涡黏性公式计算得到，即

$$T_{xx}=2A\,\frac{\partial \overline{u}}{\partial x},\,T_{xy}=A\left(\frac{\partial \overline{u}}{\partial y}+\frac{\partial \overline{v}}{\partial x}\right),\,T_{yy}=2A\,\frac{\partial \overline{v}}{\partial y} \tag{1-20}$$

1.3.2　生物栖息地法常用指标

1. 栖息地加权可用面积

栖息地加权可用面积（weighted usable area，WUA）是河道内流量增量法中评价生物栖息地质量的指标（Park 等，2018），该指标用于表征适宜目标物种生存的物理栖息地面积，计算公式为

$$WUA = \sum_{i=1}^{N} f(V_i, C_i, D_i)A_i \tag{1-21}$$

式中　V_i、C_i、D_i——各计算单元流速、地质及水深适应性指数；

A_i——计算单元面积；

$f(V_i, C_i, D_i)$——计算单元的综合适宜性指数。

2. 综合适宜性指数

综合适宜度指数（composite suitability index，CSI）在栖息地的加权可用面积计算在公式中表示为 $f(V_i, C_i, D_i)$，该指标以鱼类为目标物种，根据河道流速、水深及地质变化情况量化物种对栖息地的喜好程度，该指数范围从 0 到 1，值越大代表适宜性越好。目前已有的综合适宜性指数根据计算方法可分为乘积法、几何平均法、最小值法及加权平均法四类。乘积法假定 V_i、C_i、D_i 适宜性指数影响力相同；几何平均法对沉积法计算结果进行几何平均；最小值法选取三种参数中的最小值作为综合适宜性指数；加权平均法则依照研究需求对区域类三项参数各自加权。计算公式分别为

$$CSI_i = V_i C_i D_i \tag{1-22}$$

$$CSI_i = (V_i C_i D_i)^{\frac{1}{3}} \tag{1-23}$$

$$CSI_i = \min[V_i, C_i, D_i] \tag{1-24}$$

$$CSI_i = k_V V_i k_C C_i k_D D_i \tag{1-25}$$

式中　k_V、k_C、k_D——流速、底质与水深适应性指数的权重。

3. 水力生境适宜性指数

水力生境适宜性指数（hydraulic habitat suitability index，HHSI）为研究区域加权可利用面积占区域总面积的比值，该指数通过综合适应性指数换算得到并用于表征鱼类对整个研究区域的适应性情况（Li 等，2015），其公式为

$$HHSI = \frac{\sum\limits_{i=1}^{N} CSI_i \times A_i}{\sum\limits_{i=1}^{N} A_i} \times 100\% \qquad (1-26)$$

式中 A_i——计算单元面积；

N——计算单元数量。

为进一步评估流量变化对鱼类栖息地适宜程度的影响，有研究对综合适宜性指数分类并引述不同适宜度面积比例规避极端栖息地情况对整体研究造成的偏差。该研究以 0.3 与 0.7 为阈值设定了低适宜生境面积（low suitable proportion，LSP）、中适宜生境面积（middle suitable proportion，MSP）与高适宜生境面积（ideal suitable proportion，ISP），计算公式分别为

$$LSP = \frac{\sum\limits_{i=1}^{N} CSI_i \times A_i}{\sum\limits_{i=1}^{N} A_i} \times 100\%,\ CSI_i < 0.3 \qquad (1-27)$$

$$MSP = \frac{\sum\limits_{i=1}^{N} CSI_i \times A_i}{\sum\limits_{i=1}^{N} A_i} \times 100\%,\ 0.3 \leqslant CSI_i < 0.7 \qquad (1-28)$$

$$ISP = \frac{\sum\limits_{i=1}^{N} CSI_i \times A_i}{\sum\limits_{i=1}^{N} A_i} \times 100\%,\ CSI_i \geqslant 0.7 \qquad (1-29)$$

1.4 整体法

生物栖息地法是目前我国常用的生态流量计算方法，但该方法存在一定的局限性：一方面，鱼类作为水生态系统中的顶级物种，是大部分生物栖息地法的目标物种，这在一定程度上导致该类方法忽略了河流生态系统的其他需求。另一方面，生物栖息地法仍依靠主观判断选择研究物种及生命周期，各类物种的适宜性曲线会随着地理位置及其他客观条件的改变产生相应变化，制约了相关研究数据在其他区域的推广应用（King 和 Tharme，1994）。为解决以上问题，整体法开始在生态流量评估研究中得到开发与应用。整体法考虑了整个生态系统的用水需求，可以耦合多种方法且不受工具限制，该类方法有效结合了水文学法、水力学法及生物栖息地法，研究河道水文因子、过水面积、物种分布等随流量变化的关系，综合多方面需求计算生态流量。

整体法根据研究方向的不同可分为自下而上与自上而下两类，如图 1-2 所示。自下而上的方法主要根据研究区域特点分析河流面临的主要问题，从而选取多项研究目标，之后根据不同目标计算相应的生态流量需求，最后综合各项子目标研究满足多项目标的生态流量；自上而下的方法关注河道流量变化对河流生态系统的整体影响，该类方法首先根据

现场调研及历史数据分析河道流量与生态的响应关系，因地制宜构建不同水资源开发条件下的流量场景，之后应用水生态模型模拟研究不同流量场景下的生态系统状况，选取适宜指标分析不同场景下的综合效益，最终根据多方协商结果选择适宜的生态流量。

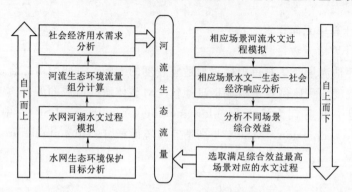

图 1-2　整体法分类

整体法在南非及英国、澳大利亚等地区应用较多，具有代表性的方法包括结构单元法（Alfredsen 等，2012）、流量-压力-响应法（O'Keeffe 等，2002）、下游对流量变化的响应法（King and Brown，2006），以上方法的应用及对比将在后面章节做详细阐述。

第2章 下游对流量变化的响应法介绍

2.1 起源

下游对流量变化的响应法是由南非水域生态研究咨询中心开发的一种生态流量评估方法。该方法可以设置相应的流量场景用于模拟河流生态系统条件及其对人类社会的影响，并对最终的分析结果形成描述性总结，在流域层面上形成生态系统与人类社会一体化研究资料，并用于决策者与相关利益团队进行审查和比较。

DRIFT法是一套结构化的生态流量评估方法，该方法具备学科交叉性与整体性，将所有学科的数据与信息组合生成相应的流量场景，通过对不同场景的模拟分析为相关部门人员提供管理与决策意见。DRIFT法开发初期主要用于南非水资源的开发利用与规划管理，同时可用于河流恢复研究以及分析潜在影响水生生态系统的因素。该法发展至今，在非洲南部及东部、亚洲、南美洲等地区部分国家得到应用与发展。

2.2 内涵和原理

DRIFT法基本内涵是将研究区域内主要的非生物与生物组成部分构成待管理的生态系统，在该生态系统中，流量及其时空变化情况成为待管理的目标。使用该方法所涉及学科包括水文学、水力学、河流地貌学、沉积学、化学、植物学以及动物学，当研究区域内涉及人类对水资源开发利用的场景时，该方法还需融合社会学、人类学、公共卫生学、资源经济学等多项社会学科。

DRIFT法本质属于一种数据管理方法，在生态流量评估过程中充分利用研究区域相关数据与信息，该法的基本原理是因为不同水流状态会引起河流生态系统不同的响应形式，所以流量产生不同程度的变化也会对生态系统造成不同程度的影响，不同流量组分及其对生态系统的影响见表2-1。该方法有以下假设：①从长时间序列日尺度流量数据中可以将水文过程划分为不同类型的流量并计算相应的流量变化率；②可单独描述部分或全部类型流量的缺失对生态系统造成的影响；③各种类型的流量可以相互组合用于生成不同的流量场景；④可以评估每种流量场景对社会经济发展的影响。

表 2 - 1　　　　　　　　　　不同流量指标及其对生态系统的影响

流量指标	对生态系统的影响
低流量	低流量是发生在高流量峰值之外的日常流量。低流量定义了河流的基本水文性质，包括丰水期的变化情况和河流常年的稳定状态。不同程度的低流量形成不同的水力和水质条件并塑造不同类型的栖息地，直接影响物种分布与生存
小洪水	小洪水对半干旱地区的枯水期具有重要的生态意义。小洪水可以刺激鱼类产卵，净化水质，对砾石和鹅卵石进行分类与输移，增强河床的物理异质性，触发流量脉冲变化；为河流创造多种生存条件，刺激多种生物活动，如鱼类洄游产卵以及河岸幼苗的萌发
大洪水	大洪水对生态系统造成的影响与小洪水类似，除此之外，大洪水会冲刷河道，改变河道形态。大洪水会造成粗糙沉积物的输移，在洪泛平原上沉积淤泥、营养物质、卵和种子。大洪水会淹没回水通道与次级渠道，引发许多物种的快速生长；增加河岸的土壤湿度，淹没洪泛平原，冲刷河口，连通海洋
流量变化率	流量的涨落在日尺度与季节尺度上持续改变生态系统的状况，波动的流量不断地改变着每天和季节的情况，形成在不同时间长度下的淹没和暴露区域。由此产生的生态环境异质性影响了物种的局部分布情况。生态环境异质性越高，生物类型越丰富

2.3　模块构成

DRIFT 法模块构成如图 2 - 1 所示。生物物理模块用于描述当前生态系统的性质与功能，分析各类生物物理指标随流量变化的情况。社会学模块用于识别研究范围内受流量变化影响的居民情况。场景开发模块结合了模块 1、模块 2 的内容，开发各类场景，预测流量变化对生态环境及河岸居民的影响。经济模块用于分析补偿受影响居民所需的成本。

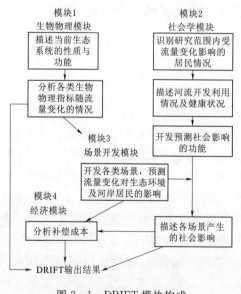

图 2 - 1　DRIFT 模块构成

2.3.1　生物物理模块

生物物理模块涉及的学科包括水文学、水力学、水化学、河流地貌学、沉积学、植物学、鱼类学及无脊椎动物学，在研究水生生物时还需要水生寄生虫、藻类、水生哺乳动物与水鸟等方面专家学者的共同参与。研究过程中由水文学及水力学方面专家学者通过模型模拟提供河流水文情势等相关信息，其他学科专家通过相应信息结合各自领域知识对不同场景下生态系统的变化情况进行预测。生物物理模块研究主要包含以下七个方面。

1. 选择代表性断面

在确定研究区域后，研究人员需要对区域内涉及河流做初步评估并将结果作为代表性断面选取依据，然后从河道形态、水质、水温、鱼类、无脊椎动物与河岸植被等方面选取差异性较大，具有代表性的断面并划定各断面表征的河流长度。代表性断面需要有较明显的自然特征，可以有效反映当地的地形、气候、土壤、植被、水文等特征，能提供丰富的自然及生物信息，用于分析流量与生态系统之间的关系。代表性断面的选取数量与地理位置受资金与时间等因素限制，因此在选择过程中需要有所取舍。

2. 研究区域内水文情势背景

DRIFT 的一个基本理念是：大部分专家学者在研究过程中将了解河流的性质和状况作为出发点，预测研究区域内生态系统随流量的改变发生的相应变化并以此来描述河流生态系统与流量的响应关系。在研究过程中以目标河流以及类似河流的水文特征为研究背景，然后应用 DRIFT 分析河流目前的流动状况，并推断该状况在过去是如何以及何时发生变化的。

水文情势分析首先需要模拟研究断面的长时间序列（大于30年）日尺度流量数据。莱索托下游水文情势分析见表2-2。参照表2-2划分的流量类型，根据流量类型描述相应时间段的水文情势。流量类型划分包括低流量与高流量：其中低流量为高流量峰值间的日流量，根据不同季节划分为丰水期低流量与枯水期低流量；高流量根据峰值大小与发生概率分为四个等级的年内洪水以及2年、5年、10年、20年一遇洪水。低流量与高流量的划分依据包括日流量变化率和河道目标水位被淹没时的对应流量。年内洪水的四个等级所对应的流量大小可根据研究区域内河道断面相应水位计算，或通过2年一遇洪水对应流量大小的相应比例获得（通常取0.5，即年内洪水Ⅰ、Ⅱ、Ⅲ、Ⅳ级对应的流量大小通过两年一遇洪水流量乘 0.5、0.5^2、0.5^3、0.5^4 得到）。

表 2-2　　　　　　　　　　　莱索托下游水文情势分析

流 量 类 型	流量/(m³/s)	每年发生次数
枯水期低流量	0.1~16.0	
丰水期低流量	0.1~50.0	
年内洪水Ⅰ级	16~48	6
年内洪水Ⅱ级	49~95	3
年内洪水Ⅲ级	96~190	3
年内洪水Ⅳ级	191~379	2
2年一遇洪水	380	
5年一遇洪水	530	
10年一遇洪水	665	
20年一遇洪水	870	

注　枯水期为6—11月；丰水期为12月—次年5月。

以莱索托高原调水工程下游研究区域为例，研究人员分析水流特征时主要根据长时间序列水文数据计算丰水期与枯水期，并根据皮尔逊Ⅲ型曲线及预设的流量比例范围总结相应时期低流量范围以及高流量事件发生次数（表2-2）。丰水期与枯水期低流量频率曲线如图2-2所示，可反映低流量数据的变化范围及满足目标低流量所对应的频率。

3. 关联水文情势与水力条件

水力模型主要用于模拟河道在不同流量过程下的水位、流速变化情况。通过水力模型将收集整理的水文数据转化为表征研究断面水力条件的信息是研究河流特征与物种分布的关键步骤。研究过程中通常会选取3~7个典型河道断面，记录不同类型流量所处范围并

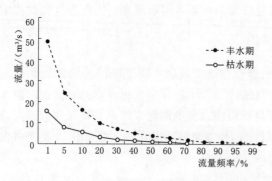

图 2-2 丰水期与枯水期低流量频率曲线图

用于率定及验证水力模型。

河道横断面图主要用于展示河道形状以及流量、泥沙、水生植被等生境特点。以莱索托高原调水工程下游研究区域为例,水文数据与河道断面生态系统关联如图 2-3 所示,图中显示了枯水期与丰水期低流量的淹没范围以及不同等级洪水所对应的水位。结合图 2-3(a)与水力模型模拟数据可建立流量过程与河道水力条件之间的联系,同时根据流

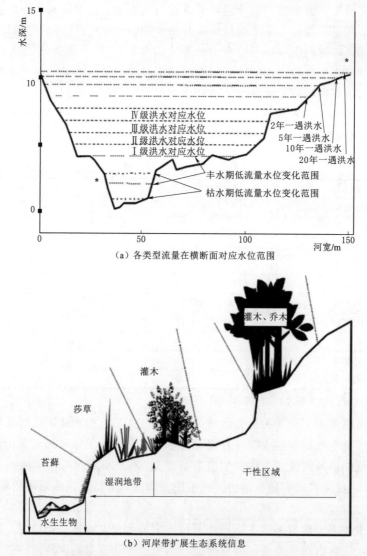

(a) 各类型流量在横断面对应水位范围

(b) 河岸带扩展生态系统信息

图 2-3 水文数据与河道断面生态系统关联图

量频率曲线图有效预测不同频率流量过程下的河岸带植被淹没程度。

当分析区域由典型断面拓展至典型河道时，研究人员在河道不同位置划定主要的生境特性，并匹配相应的水文数据及水力条件数据得到典型河道的生境图。莱索托某研究区域不同水力条件下的生境图如图 2-4 所示，莱索托某研究区域深潭与浅滩流速、水深与流量的关系图如图 2-5 所示，n 为断面号。该方法有助于进一步提高 DRIFT 对于不同场景的生态系统预测能力。举例说明：鱼类专家学者可结合生境图数据寻找目标鱼类所需要的高流速与低流速区域，结合相应区域的水文数据变化情况可预测不同流量场景下的鱼类分布情况。各学科研究团队根据研究对象预测不同类型流量发生改变（增加或减少）对生态系统各项组成部分的影响，并尽可能对其进行量化。

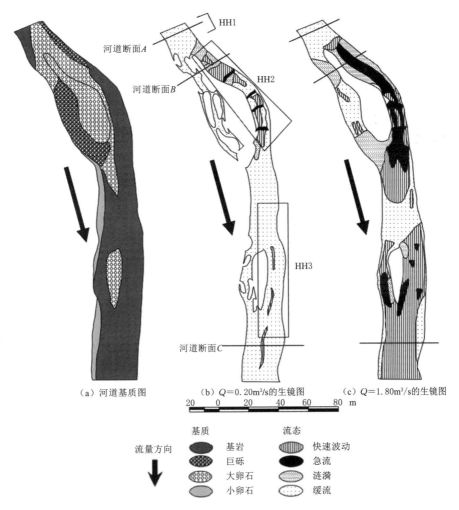

（a）河道基质图　　　（b）$Q=0.20\text{m}^3/\text{s}$ 的生镜图　　　（c）$Q=1.80\text{m}^3/\text{s}$ 的生镜图

图 2-4　莱索托某研究区域不同水力条件下的生境图

4. 设定流量减少级别

关联水文情势与水力条件等数据分析阶段结束后，研究团队将设定一系列流量减少级别并预测相应产生的生态系统变化。该阶段通常由团队所有成员讨论完成。针对每一级减

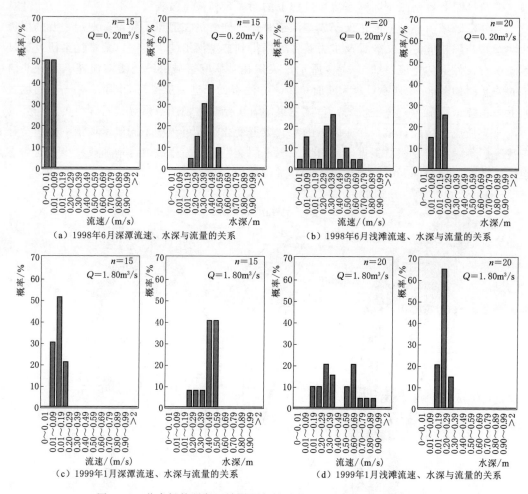

图 2 - 5　莱索托某研究区域深潭与浅滩流速、水深与流量的关系图

少流量后的生态系统情况：①由地貌学专家描述流量减少后研究区域物理环境发生的变化；②由水化学专家说明水质及能量变化情况；③由植物学专家描述水生植物及河岸带植物群落变化；④由鱼类及无脊椎动物等方面专家分析水生动物群落变化情况。

设定流量减少的级别包括减少低流量范围与降低洪水发生次数。以莱索托下游某研究区域为例，根据表 2 - 2 设定该区域内枯水期与丰水期不同级别下的低流量变化范围，随后设定年内洪水在每个级别下的发生次数，最后记录四类年际洪水对河流生态系统的意义以及各类洪水消失的后果。莱索托下游流量减少级别见表 2 - 3。

表 2 - 3　　　　　　　　　　　　莱索托下游流量减少级别

流量类型	流量/(m³/s)	发生次数	减少 1 级	减少 2 级	减少 3 级	减少 4 级
枯水期低流量	0.1～16.0		0.1～9.0	0.1～3.0	0.1～1.0	0.1～0.5
丰水期低流量	0.1～50.0		0.1～25.0	0.1～10.0	0.1～5.0	0.1～1.0
年内洪水Ⅰ级	16～48	6	3	1	0	0

流量类型	流量/(m³/s)	发生次数	减少1级	减少2级	减少3级	减少4级
年内洪水Ⅱ级	49～95	3	2	1	0	0
年内洪水Ⅲ级	96～190	3	2	1	0	0
年内洪水Ⅳ级	191～379	2	1	0	0	0
2年一遇洪水	380	描述洪水对生态系统的意义及消失后果				
5年一遇洪水	530	描述洪水对生态系统的意义及消失后果				
10年一遇洪水	665	描述洪水对生态系统的意义及消失后果				
20年一遇洪水	870	描述洪水对生态系统的意义及消失后果				

5. 根据通用列表预测流量减少的后果

在记录研究结果过程中，各学科研究人员会使用一个通用列表（表2-4），该表中包含本次研究所涉及的所有学科及研究对象，记录了研究区域河道在不同流量减少级别下的水文过程变化对相关研究对象的影响。表2-4中包含流量过程、生境、社会及物种等信息。研究对象的选择标准包括：①对流量变化过程具有较高的敏感性；②属于研究区域内的关键物种或具备明显变化特征；③该研究对象与人类社会生存发展息息相关。

表2-4　　　　　　　　　　莱索托研究区域通用列表示例

学科	研究对象	与水文过程的关联性	与人类社会的关联性
地貌学	胶体物质的沉积	维持河道胶体物质运动的最小流速为0.05m/s	胶体物质沉积过多将促进藻类植物生长，影响牲畜生活环境，增加牲畜患病风险
水化学	富营养化程度	低流量情况下河道富营养化程度加重。Ⅱ级以上洪水可净化河道水质	河道富营养化促进藻类生长；水质恶化造成人与牲畜腹泻发病率提高
植物学	藜草	主要分布在河岸湿润地带，其种群密度随流量大小而改变	可作为木柴；可用于医药
鱼类	鲦鱼	主要分布在高水质静水区及浅水区	在莱索托地区属于珍稀物种，濒临灭绝
无脊椎动物	蚋	在低速富营养化水体中生存	害虫

6. 使用严重性评级量化流量变化的后果

对于可预见未来的流量变化预测主要基于有限的经验，预测生态系统变化的性质及方向相对容易，而预测其发生时间及变化程度则比较困难，因而大部分专家学者在数据稀缺的条件下很少量化生态系统发生的变化。DRIFT法需要评估资源损失对依靠研究区域河流资源生存的居民所产生的社会经济影响并作为设计相关补偿方案的依据，故需要尽可能准确地量化流量变化对生态系统的影响。

DRIFT法使用严重性评级来量化预测后果中存在的不确定性。研究人员通常预测通用列表中涉及的研究对象的变化范围，从无变化到严重变化，设6个等级。严重性评级与相应损失及增益见表2-5。对于社会经济所受影响可以使用相应的转换因子，将严重性评级转化为资源损失或健康风险增加的百分比。以表2-5为例，以20%为间隔将损失及增益范围设置在0～100%之间。

7. 建立结果列表

每项预测结果会形成一个列表，该列表中记录了研究区域、流量减少级、所属学科、研究对象、预测变化方向及相应的变化严重程度，结果列表示例见表 2-6。为便于解释相关变化给生态系统带来的影响，该研究对象的生态意义与社会意义也会被记录在结果列表中。

表 2-5　　　　　　　　　　　　严重性评级与相应损失及增益

严重性评级	严重程度的变化	等　效　损　失	等　效　增　益
0	无	无变化	无变化
1	可以忽略不计	保留 80%～100% 原状态	1%～25% 涨幅
2	低	保留 60%～79% 原状态	26%～67% 涨幅
3	温和	保留 40%～59% 原状态	68%～250% 涨幅
4	严重	保留 20%～39% 原状态	251%～500% 涨幅
5	非常严重	保留 0～19% 原状态或物种灭绝	501% 的涨幅或涨幅不可估量

表 2-6　　　　　　　　　　　　结　果　列　表　示　例

序列	类　　别	信　　息
1	站点	2 号点位
2	流量水平降低	枯水期低流量减少 4 级
3	物种类型	无脊椎动物
4	物种	蚋
5	变化方向	增加
6	严重程度的变化	等级 5：极度严重
7	转换为百分比	物种数量增加 500% 或更多
8	生态意义	在低速富营养化水体中生存
9	社会意义	害虫增加影响居民生活

2.3.2　社会学模块

DRIFT 社会学模块涉及学科包括社会学、医学、公共卫生学、兽医学、供水工程学、经济学及环境资源学等。各学科研究人员根据学科特点建立河流与受流量变化影响的居民之间的关系，预测流量变化对当地居民的影响。该模块主要任务包括：①划定受目标河流影响的居民范围；②量化河流资源利用情况（如捕食鱼类、饮用水消耗）并转化为经济价值；③分析河流变化对人类及牲畜健康的影响。

1. 划定受目标河流影响的居民范围

位于风险区域的人口（population at risk，PAR）被定义为生活在研究河流周边，并依靠河流资源维持生计的人群。分析该类人群与河流之间的联系首先需要界定研究区域河流长度与宽度，河流宽度受周边人群规划利用的影响随河流纵向延伸而变化。决定某一区域河流利用程度的标准包括集聚地至河流的距离、地形地貌以及河流资源可利用量。然后在确定研究河流范围后，根据人类社会聚集区分布情况对河流进行分区并分配至不同的生物物理研究基地。各区域人口数量可通过政府人口普查或航拍数据获得。

2. 量化河流资源利用情况

确定研究范围后需要量化人类社会对河流资源的使用情况，莱索托研究区域人类社会对河流资源的使用情况见表 2－7。该研究在社会影响方面主要确定了河流捕获物以及水资源的来源及用途，并将以上资源利用情况转化为经济价值。

表 2－7　　　　　　莱索托某研究区域人类社会对河流资源的使用情况

序列	河流资源使用情况
1	共有 5098 户人家捕捞鱼类，平均每年捕捞 17 条 5kg 的小嘴黄花鱼、2.2kg 石鲶鱼、3kg 虹鳟鱼。鱼的平均市场价值大约是每千克 10 马洛蒂
2	共有 13911 户人家采摘野菜，平均每年收获 148 袋，平均每袋市场价值 2.08 马洛蒂
3	河流为 17354 户人家供给饮用水，夏季平均每月供给 16.1 次，冬季平均每月供给 8.9 次
4	河岸地带的农作物由 4131 户家庭参与种植，平均每年生产一季作物，产量为 155kg

注　马洛蒂为莱索托货币。

3. 分析健康隐患

分析河流变化对人类及牲畜健康的影响应由该区域公共卫生行业人员确定区域内现有的与潜在的公共卫生安全隐患，社会学模块研究概括如图 2－6 所示。当前公共卫生安全隐患主要根据研究区域人类与牲畜的健康状况确定，基础数据主要来源于政府公共卫生安全规划报告。确定涉及的健康隐患后分析与河流有关的疾病并归纳总结。主要通过以下步骤确定河流水文情势对这些疾病的影响程度：首先由研究团队记录河流当前的开发利用情况，在此期间公共卫生学专家与社会学专家之间需要合作调研并收集社会群落中产生的疾病数据。之后由社会学、公共卫生学及生物物理学专家共同讨论分析各项疾病的成因，对疾病案例进行适当挑选并纳入 DRIFT 社会学模块研究计划中。例如：某区域居民常发生腹泻等相关疾病，该疾病主要发生在以该区域某条河流为饮用水的人群中，通过专家学者鉴定将该疾病归因于胃寄生虫，通过现场水质调研后将主要出现在该河流中的鞭毛虫纳入

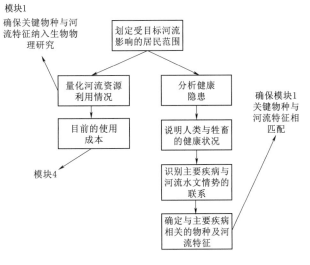

图 2－6　社会学模块研究概括

生物物理研究部分的目标物种中。

耦合生物物理模块与社会学模块可用于分析河流与人类社会之间的关系，对河流变化如何影响人类社会有更深入的理解。为确保社会学模块分析中得到更准确的信息，应该注意以下关键点：

（1）在项目前期调研过程中，被目标河流周边居民视为关键物种（经济物种、珍稀动物、有害物种等）或关键河流特征（低流量范围、流量脉冲等）的应纳入后期的生物物理研究及社会研究中。

（2）研究社会学与经济模块的团队成员应参与生物物理模块研究团队的会议，加强沟通，提高对生物物流模块中有关河流变化表述的理解。

（3）DRIFT 法应用中涉及的所有研究对象需要全部统计在通用列表中并说明各研究对象的重要性。

2.3.3　场景开发模块

场景开发模块会提供一系列未来可能发生的流量过程及相应的生态系统状态。在每一项流量场景中，不同程度的河流水文情势会对生态系统生物物理状态及人类社会经济发展产生影响。DRIFT 法设计场景开发模块前需要由决策者确定设定的流量场景类型及范围。理论上可以从模块 1 与模块 2 耦合形成的数据库中开发任意数量的场景，但通常情况下开发 4～5 个流量场景就可以反映较为明显的流量变化情况。

2.3.3.1　流量场景中的生物物理成分

针对每个流量场景，模拟该场景下研究区域的流量变化情况，并分析各流量场景下的水文过程与原流量场景之间的差异。例如，莱索托某研究区域各场景流量减少情况见表 2-8。场景 1 到场景 4 为莱索托研究中按照水文改变度逐级升高设置的四个场景。表 2-8 中记录了莱索托某研究区域增加一座大型水坝形成场景 1，相对于原场景发生如下变化：

（1）枯水期低流量范围的上限由 $16\mathrm{m}^3/\mathrm{s}$ 降低至 $9\mathrm{m}^3/\mathrm{s}$，丰水期低流量范围上限由 $50\mathrm{m}^3/\mathrm{s}$ 下降至 $25\mathrm{m}^3/\mathrm{s}$。

（2）原场景中年内 I 级洪水发生次数由 6 次下降至 3 次，II 级洪水发生次数由 3 次下降至 2 次，III 级洪水发生次数由 3 次下降至 2 次，IV 级洪水发生次数由 2 次下降至 1 次。

（3）所有年际洪水（2 年一遇、5 年一遇、10 年一遇、20 年一遇）仍有可能发生。

（4）河流年平均流量为原场景的 66%。

表 2-8　　　　　　　　　莱索托某研究区域各场景流量减少情况

流量类型	流量/(m^3/s)	发生次数	场景 1 流量 /(m^3/s)	场景 2 流量 /(m^3/s)	场景 3 流量 /(m^3/s)	场景 4 流量 /(m^3/s)
枯水期低流量	0.1～16.0		0.1～9.0	0.1～1.9	0.1～1.9	0.5
丰水期低流量	0.1～50.0		0.1～25.0	0.1～1.2	0.1～1.2	0.5
年内洪水 I 级	16～48	6	3	3	2	1
年内洪水 II 级	49～95	3	2	1	0.5	0

续表

流量类型	流量/(m³/s)	发生次数	场景1流量/(m³/s)	场景2流量/(m³/s)	场景3流量/(m³/s)	场景4流量/(m³/s)
年内洪水Ⅲ级	96~190	3	2	2	0.5	0
年内洪水Ⅳ级	191~379	2	1	0	0	0
2年一遇洪水	380	描述洪水对生态系统的意义及消失后果				
5年一遇洪水	530	描述洪水对生态系统的意义及消失后果				
10年一遇洪水	665	描述洪水对生态系统的意义及消失后果				
20年一遇洪水	870	描述洪水对生态系统的意义及消失后果				
年均流量占原场景比值/%			66	33	18	4

该案例中的场景4的设计目的是最大限度增加水库的蓄水量，以呈现出一个极端缺水的情况，相对于原场景发生如下变化：

（1）枯水期低流量保持在 0.5m³/s。

（2）所有的年内洪水通过水库蓄洪补枯的方式吸收，平均每年释放一次年内Ⅰ级洪水。

（3）所有年际洪水均在水库调蓄作用下消除。

（4）河流年平均流量为原场景的 4%。

场景2与场景3为场景1与场景4的过渡状态，河流年平均流量分别为原场景的33%与18%。

统计各场景的流量状态之后，可查询数据库对应流量下生态系统的变化情况并得到相应的预测结果。在预测过程中，针对每块研究区域的每一个场景，需要由研究人员从数据库中选择与该场景流量状态最匹配的数据，提取预测结果并考虑各影响因素的协同效应。该预测过程常依靠经验判断处理部分数据之间存在的细微差别，因而需要由一位或多位经验丰富的河流生态学家共同完成。生态系统变化预测结果可以通过多种方式呈现，包括定量分析描述、统计数据汇总表、河流生态系统概要图（用颜色标注不同地区的变化程度）等。最终的分析结果可凝练为一句结论性的描述，如：参考表 2-5，在研究区域河段中，A 与 B 两种鱼类数量将减少并达到"非常严重"级别（80%~100%），A 类鱼有灭绝风险。除 C 类鱼外，该河流中其他鱼类数量都将减少并达到"严重"级别（60%~80%）。C 类鱼作为该河流生态系统中的底层物种，受河流流量变化的影响较小，种群数量变化处于"可以忽略不计"的级别。

2.3.3.2 流量场景中的社会学成分

社会学研究团队应用社会学模块预测河流流量变化对周边居民的影响。该影响主要分为两类，即河流流量变化对河流资源开发利用的影响和对当地居民及牲畜公共卫生造成的隐患。其中对于河流资源开发的影响可根据生物物理模块对相关经济物种造成的损失进行量化，进而转化为经济损失或收益，并将此信息传递至模块4。河流流量变化对当地居民及牲畜公共卫生造成的隐患难以量化，因而需要根据专家意见，从以下角度界定影响程度：

（1）人类对河流的使用方式。

（2）河流的变化程度对应不同的影响级别。

（3）河流的过度开发利用提高了发病率。

（4）筛选与河流流量变化关系密切的疾病。

与河流变化相关的健康风险示例见表 2 - 9。

表 2 - 9　　　　　　　　　　与河流变化相关的健康风险示例

河流使用方式	生物物理变化	健康风险	河流使用频率	与公共卫生的相关性
饮用水	河流胶体物质的增加导致原生动物寄生虫增加	增加腹泻病	高	高
清洗食物			低	中
放牧；在河边居住	蚋科（黑蝇）的增加提高了疾病传播的概率	粪口传播情况加重；牲畜繁殖减少	高	低
游泳、洗澡	提高病虫寄生的风险	血吸虫病发病率增加	高	高
钓鱼	鱼类数量减少	蛋白质营养来源减少	高	高
采摘	野生蔬菜和草药减少	营养物质减少	低	低

健康风险评估结果信息汇总后将统一传递至模块 4。

2.3.4　经济模块

通过价值分类法统计了受河流变化影响的生态系统价值，如图 2 - 7 所示。图中从左至右价值逐渐不易被量化，生态流量研究内容主要包含左半部分易量化价值，计算该部分价值损失与收益可作为后期制定缓解及补偿方案的参考。

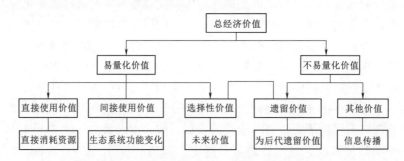

图 2 - 7　受河流变化影响的生态系统价值

缓解方案主要是指通过对水利工程项目设计、运行及管理方案的调整以减少工程建设运行对河流环境及生态系统的影响。当缓解方案不能达到预期效果时研究团队将制定补偿方案，该方案主要包括为受河流变化影响的居民提供货币、商品等补偿。右半部分不易量化价值可通过民意调查等方式确定。场景开发模块会提供一系列未来可能发生的流量过程及相应的生态系统状态。在每一项流量场景中，不同程度的河流水文情势会对生态系统生物物理状态及人类社会经济发展产生影响。

莱索托项目拟建工程对下游环境影响权衡见表 2 - 10。表 2 - 10 总结了 DRIFT 法输出结果，该结果提供宏观经济评价及补偿方案，为决策者提供参考。在后期决策过程中，可以根据需求从数据库中挑选备选方案或对原方案进行修改。

表 2-10　　　　　　　　　　莱索托项目拟建工程对下游环境影响权衡

场景	与大坝的距离	河流生物物理状态变化级别	社会影响	赔偿要求	蓄水量
1	近端	低	低	低	34%
	远端	可以忽略不计	可以忽略不计	可以忽略不计	
2	近端	严重	温和的	中等	67%
	远端	低	低	低	
3	近端	严重	严重的	高	82%
	远端	温和	温和的	温和的	
4	近端	非常严重	非常严重	非常高	96%
	远端	严重的	严重的	高	

参 考 文 献

[1] ALFREDSEN K, HARBY A, LINNANSAARI T, et al. Development of an inflow – controlled environmental flow regime for a Norwegian river [J]. River Research and Applications, 2012, 28 (6): 731 – 739.

[2] ALVES M H, HENRIQUES A G. Instream flow determination for mitigating environmental impact on fluvial systems downstream dam and reservoirs [C]//European conference on advances in water resources technology and management. 1994.

[3] ARTHINGTON A H, BHADURI A, BUNN S E, et al. The Brisbane declaration and global action agenda on environmental flows (2018) [J]. Frontiers in Environmental Science, 2018 (6): 45.

[4] BOVEE K D, MILHOUS R T. Hydraulic simulation in instream flow studies: theory and techniques [A]. 1978.

[5] DUNBAR M J, GUSTARD A, Acreman M, et al. Environment Agency Project W6B (96) 4 Overseas approaches to setting river flow objectives Draft Interim Technical Report [R]. Institute of Hydrology, 1997.

[6] FAUSCH K D, LYONS J, KARR J R, et al. Fish communities as indicators of environmental degradation [C]//In biological indicators of stress in fish, 1990.

[7] FU A, WANG Y, YE Z. Quantitative determination of some parameters in the Tennant Method and its application to sustainability: a case study of the Yarkand River, Xinjiang, China [J]. Sustainability, 2020, 12 (9): 3699.

[8] GALAT D L, LIPKIN R. Restoring ecological integrity of great rivers: historical hydrographs aid in defining reference conditions for the Missouri River [C]//Assessing the Ecological Integrity of Running Waters: Proceedings of the International Conference Springer Netherlands, 2000.

[9] KING J, BROWN C. Environmental flows: striking the balance between development and resource protection [J]. Ecology and Society, 2006, 11 (2): 1 – 23.

[10] KING J M, THARME R E. Assessment of the instream flow incremental methodology and initial development of alternative instream flow methodologies for South Africa [R]. Water Research Commission, 1994.

[11] LI R, CHEN Q, TONINA D, et al. Effects of upstream reservoir regulation on the hydrological regime and fish habitats of the Lijiang River, China [J]. Ecological engineering, 2015 (76): 75 – 83.

[12] MATHEWS R, RICHTER B D. Application of the Indicators of hydrologic alteration software in environmental flow setting 1 [J]. JAWRA Journal of the American Water Resources Association, 2007, 43 (6): 1400 – 1413.

[13] MATHEWS R C, BAO Yixing. The Texas method of preliminary instream flow assessment [J]. Rivers, 1991, 2 (4): 295 – 310.

[14] O'KEEFFE J, HUGHES D, THARME R. Linking ecological responses to altered flows, for use in environmental flow assessments: the Flow Stressor—Response method [J]. Internationale Vereinigung für theoretische und angewandte Limnologie: Verhandlungen, 2002, 28 (1): 84 – 92.

[15] PARK K, LEE K S, KIM Y O. Use of instream structure technique for aquatic habitat formation in

ecological stream restoration [J]. Sustainability，2018，10（11）：4032.

[16] SMAKHTIN V U，SHILPAKAR R L，HUGHES D A. Hydrology – based assessment of environmental flows：an example from Nepal [J]. Hydrological sciences journal，2006，51（2）：207 – 222.

[17] STEFFLER P. R2D_Bed – Bed Topography File Editor – Version 1. 23 User's Manual [R]. University of Alberta，Canada，2002.

[18] SUGIYAMA H，VUDHIVANICH V，WHITAKER A C，et al. Stochastic Flow Duration Curves For Evaluation Of Flow Regimes In Rivers 1 [J]. Journal of the American Water Resources Association，2003，39（1）：47 – 58.

[19] TENNANT D L. Instream flow regimens for fish，wildlife，recreation and related environmental resources [J]. Fisheries，1976，1（4）：6 – 10.

[20] WALLINGFORD H R. Handbook for the assessment of catchment water demand and use [R]. HR Wallingford，Wallingford，UK，2003.

[21] WARREN I R，BACH H K. MIKE 21：a modelling system for estuaries，coastal waters and seas [J]. Environmental Software，1992，7（4）：229 – 240.

[22] YANG Y C E，CAI X，HERRICKS E E. Identification of hydrologic indicators related to fish diversity and abundance：A data mining approach for fish community analysis [J]. Water Resources Research，2008，44（4）：1 – 14.

[23] 陈永柏，廖文根，彭期冬，等. 四大家鱼产卵水文水动力特性研究综述 [J]. 水生态学杂志，2009，2（2）：130 – 133.

[24] 侯俊，王晓刚，苗令占，等. 河道内流量增量法技术指南 [M]. 北京：中国水利水电出版社，2021.

[25] 黄彬彬，田芳，吴绍飞，等. 基于多种水文学方法的赣江下游生态流量估算 [J]. 科学技术与工程，2020，20（19）：7858 – 7864.

[26] 李佳惠，张丹蓉，管仪庆，等. 基于多种水文学法的闽江下游生态流量计算 [J]. 水电能源科学，2022，40（6）：410 – 413.

[27] 李嘉，王玉蓉，李克锋，等. 计算河段最小生态需水的生态水力学法 [J]. 水利学报，2006，37（10）：1169 – 1174.

[28] 刘瑞民，沈珍瑶，丁晓雯，等. 应用输出系数模型估算长江上游非点源污染负荷 [J]. 农业环境科学学报，2008，27（2）：677 – 682.

[29] 刘双爽，陈诗越，姚敏，等. 水生生物群落所揭示的湖泊水环境状况——以东平湖为例 [J]. 应用与环境生物学报，2017，23（2）：318 – 323.

[30] 任朋，齐进. 基于改进 Tennant 法的南渡江生态基流计算 [J]. 中国农村水利水电，2020，9：182 – 184.

[31] 桑连海，陈西庆，黄薇. 河流环境流量法研究进展 [J]. 水科学进展，2006，17（5）：754 – 760.

[32] 舒畅，刘苏峡，莫兴国，等. 基于变异性范围法（RVA）的河流生态流量估算 [J]. 生态环境学报，2010，19（5）：1151 – 1155.

[33] 徐志侠，陈敏建，董增川. 河流生态需水计算方法评述 [J]. 河海大学学报（自然科学版），2004（1）：5 – 9.

[34] 章运超，曾凯，王家生，等. 资料短缺平原河流的生态需水量计算——以通顺河武汉段为例 [J]. 长江科学院院报，2020，37（7）：35.

第 2 篇

下游对流量变化的响应法主要内容

引言

　　DRIFT 法是整体法中的代表性方法，该方法可以通过创建不同场景，将河流视作一个综合的环境，从生态系统整体出发研究河道流量与河岸带群落、水质、泥沙、河床之间的关系，有效评估河流流量变化情况及其对生态系统的影响，全面评估河流生态系统健康程度。

　　本篇内容主要介绍了 DRIFT 法涉及的三个主要研究阶段，包括基础设置阶段、获取信息阶段以及分析阶段，围绕前期工作、指标选取、模型应用、评价预测等方面对三个阶段的主要工作进行了详细说明。

第3章 基础设置阶段

3.1 组建专家团队

DRIFT 基础设置阶段需要组建一个多学科研究团队，该团队由对研究流域有实际工作经验的高级专家组成。整个研究团队可以由以下部分或全部学科人员组成：研究过程管理团队、流域水文专家、水力分析员、河流地貌学专家、水化学专家、植物学专家（研究范围包含河岸、边缘及水生）、社会学专家、资源经济学专家、流域/国家经济学专家、GIS 专家、动物学专家（研究范围包括浮游生物、水生无脊椎动物、鱼类、水鸟、河栖哺乳动物等）。

3.2 划分研究区域

流域划分为后续的生态流量评估工作奠定了基础，该过程确定了工作的边界、流域的性质、河流系统功能和周边居民分布等情况。所涉及的任务和考虑事项如下：

（1）确认流域位置、相关政治边界、道路和城镇。

（2）标注危险地区，例如冲突地区或犯罪活动严重的地区，可能有地雷或鳄鱼、河马、鲨鱼等危险动物的地区。

（3）标注地形、植被、土地利用和地貌带。

（4）按主要河流及支流、湿地、洪泛区、河口、沼泽等划分研究区的界线。

（5）统计影响水流、水生和社会系统的主要水资源基础设施；监测流量及水位变化数据。

（6）确定易受水流变化影响的重点保护地区和生态系统。

（7）确定重要的社会、文化及经济活动区域。

（8）沿水系均匀划分地表和地下水文带。

（9）沿水系均匀划分地貌带。

（10）沿水系划分水质区域并完成水热条件分区。

（11）沿水系均匀划分生物带。

（12）将（8）～（11）中的划分带组合成相对均匀的纵向河流带。

（13）划定与河流系统有联系的社会经济地区，确保社会经济地区与水文界线相对应，使每一个社会经济地区与特定的河流地带相联系。

（14）根据社会区域和生物区域相互协调的关系及组合情况确定综合分析单元（integrated units of analysis，IUAs）。

（15）根据需要制作基本地图和 Excel 表格作为后期生态流量评估工作的数据基础。

3.3　选择研究地点

大部分生态流量评估方法均使用在划定地点收集的数据来代表所在分区的生态系统状况，之后根据分区的生态系统状况推导目标流域的整体状况。在现场调研过程中，时间和资金成本通常限制了选择代表性地点的数量，从而限制了流域研究的范围，尤其是在流域上游地区与下游地区对流量变化的响应不同，或在干流和支流的流量变化趋势差别较大的情况下，需要根据实际情况增加代表性地点的数量，这也将直接提高整个研究的时间及资金成本。

在应用 DRIFT 研究河道生态流量的工作中，研究区域划分会根据社会区域和生物区域相互协调的关系及组合情况确定综合分析单元，然后在每一个综合分析单元中选择具有代表性的生物物理研究区域及社会经济调查区域，并根据选择的研究区域的生态条件及社会经济发展情况来反映整个研究区域的基本特征。综合分析单元及代表性研究区域的选取应考虑以下要素：

（1）选择区域可搜集到准确的水文资料。

（2）选择区域在生态学、物理学及社会学方面已有前人研究并保存有可观的基础数据。

（3）研究地点需要是当地政府准许进入的区域。

（4）确保选择区域的安全性。

（5）研究团队需要对选择区域的土壤成分及水土保持情况有初步了解。

（6）选择区域需要具备一定的保护价值。

（7）选择区域生态系统能对水流变化产生明显响应变化（如急流断面、鹅卵石河床段、间歇性洪泛平原、易受水力侵蚀的河道断面等）。

（8）选择区域生态条件良好，具备基本的动物、植物及人类的生存环境与条件。

（9）选择区域需要适配水动力模型，可以在该区域对水深、流速、流量等基本水动力情况进行模拟。

（10）选择区域应存在潜在的水资源开发冲突。

（11）选择区域周边居民应对该区域河流生态系统提供的资源具有较高的依赖性（如该区域具有丰富的鱼类资源、草药、野菜或为当地带来旅游经济等）。

（12）选择区域中河流、人类及动物健康之间应具备紧密联系（如当地易发生与饮用水相关的疾病等）。

3.4　设置流量场景

设置流量场景是应用 DRIFT 法研究目标河流未来发展方向的主要途径。不同的流量场景可以体现不同的水资源管理方式，如利用水利工程等设施进一步开发水资源、修订现有的水利工程调度规则、修复退化的河流区域等。流量场景的取舍主要对各流量场景模拟下的生态、社会、经济发展情况做评估分析，同时结合多方面的利益相关者（包括区域政府、水资源与环境及农业相关部门、水电开发商、社区居民、国家文物保护机构、研究人员等）共同讨论并选取适宜的管理方案。研究过程中应平等考虑维持生态系统可持续发展的三个主要因素，即社会保障度、生态完整性与经济发展情况。河流涉及问题、趋势和潜在发展示例见表3-1。可通过各方协商探讨并汇总与河流相关的主要问题及潜在的发展方向。

表 3-1 河流涉及问题、趋势和潜在发展示例

问 题 和 趋 势	潜 在 发 展 示 例
供应短缺和供水不足	建立水电设施
河流和集水区退化和生物多样性丧失	配置灌溉系统
不断增加的水污染物	河道整治
气候变化影响河道水质	建立污水处理厂
水资源过度分配和利益相关者之间的冲突	扩大农业灌溉面积
不协调的流域规划	商业性林业的发展
河流干涸	多水源调度
缺乏环保意识	开展宣传
缺乏相关立法的执行	立法保护
人口数量的增加，导致城市供应的压力和日益严重的水资源短缺	多水源开发
不断增长的对地下水和雨水收集的依赖	海绵城市建设

　　流量场景的设置应当在一定程度上反映有关流域内水资源开发水平不断提高的情况，不同的流域水资源开发情况会对生态系统及社会经济发展造成不同程度的影响，河流各项场景下的发展益处与开发成本见表3-2。参考表3-2有助于权衡多方利益关系。

表 3-2 河流各项场景下的发展益处与开发成本

指　　标	场　　景					
	PD	A	B	C	D	E
发展益处						
水力发电	×	×	×	××	×××	×××
作物生产	×	×	××	×××	××××	××××
水安全	×	××	×××	×××	××××	××××
国民经济	×	×	×××	××××	××××	××××
水产养殖	×	××	×××	×××	×××	×××
开发成本						
野生渔业	××××	×××	×××	××	××	×
水质	×××	×××	××	××	×	×

续表

指　　标	场　　景					
	PD	A	B	C	D	E
漫滩功能	××××	××××	×××	××	×	×
文化、宗教价值观	××××	×××	×××	×××	××	××
自然资源缓冲，以满足生存用户的补偿需求	××××	×××	××	××		×

注　PD为当前流量场景，A、B、C、D、E分别对应流量开发利用程度不断提高的场景。"×"数量越多表示指标越优质，如发展益处部分作物生产从A场景的"×"到E场景的"××××"代表作物生产量越来越高。

3.4.1　场景机制

1. 步骤

当前流域水文情况主要根据实测资源结合降雨径流模型模拟获得。其他拟定的流量场景主要参考多方面的利益相关者沟通协商的结果，结合已有水文资料并根据场景规范，运用水文模型模拟不同场景下的水文过程（King和Brown，2009）。

DRIFT-DSS是与DRIFT法适配的决策支持系统（decision support system），该系统主要用于场景设置及响应分析。在DRIFT-DSS中，场景机制通过以下步骤完成：

（1）在"水资源开发"模块（设置模块的系统描述组中）中列出所有当前和计划（即部分场景）的水资源开发设施的位置和类型，并按地理位置划分。

（2）在"一般描述"模块（模块的场景规范组中）中以通用术语描述场景。

（3）在"规范"模块中列出场景中存在哪些水资源开发项目。

（4）将每个场景的逐日流量过程时间序列文件导入到水文和水力学模块组的DSS中。

（5）将每个场景的水质和沉积物数据的时间序列文件导入到模块的水质和沉积物组中。

2. 所需资料

各场景的水资源系统模型需要下列资料：

（1）规划范围。

（2）时间尺度。

（3）部门用水需求和取水位置。

（4）保证基础供应所需的水资源量。

（5）现有基础设施的调度规则。

（6）新基础设施的详细信息，包括位置和拟定的调度规则。

（7）各场景下的气候变化规律。

（8）生态流量研究断面。

3.4.2　场景规范

场景规范用于定义每个场景中应包含的基础设施、水资源开发或生态系统目标。

场景规范中包括：

（1）一般性描述：为每个场景提供识别码和相关说明。相关说明应包括部门用水需求和需求地点、不同行业水资源供应量、现有及拟建基础设施的调度规则、气候变化情况。

（2）规范性描述：允许研究人员定义每个场景中涉及的水资源开发利用情况，包括为每个场景提出生态系统目标（如保证生态流量的大小、维持河道水位在某一标准之上等）。

3.4.3 设置流量场景

应用 DRIFT 法评估生态流量会创建多个场景来表示外来因素对河流流量变化的影响，如水资源开发利用程度、上游水资源消耗量、大坝的数量、水利工程的运行调度等。这些场景还包括为保护河流生态系统健康所需要实现的特定环境目标，例如确保河流维持在特定的健康状态。为达到某一特定的环境目标，可使用与 DRIFT 法适配的决策支持系统来确定研究区域河流的适宜生态流量。

DRIFT 法应用初期主要通过优化程序（DRIFT 模型自带的一种程序软件，被称为"DRIFT Solver"）来设置不同的流量场景，该程序可实现不同设计流量的场景模拟，以最大限度地减少对河流生态系统健康的影响，同时满足用水量等不同的约束条件（Brown 和 Joubert，2003）。该优化程序可用于生成不同流量场景下的生态系统完整性得分图（图3-1），该图显示了优化方案下的设计流量占多年平均流量的百分比以及对应的生态系统总体完整性评分。

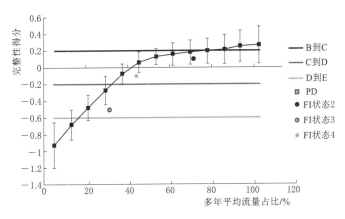

图 3-1　生态系统完整性得分图

生态系统完整性得分图还显示了完整性评分结果的不确定性（曲线上的误差棒），体现了在水资源开发总量相同的情况下，不同的水资源分配方式会对生态系统完整性得分的高低产生影响。同时，该图显示的整体趋势为河道流量越大，生态系统完整性得分越高。例如，图3-1中的"FI状态4"得分略低于河道现状得分（present day，PD），主要原因是"FI状态4"场景下的河道年均流量仅占多年平均流量的44%，而河道现状流量占多年平均流量的52%。DRIFT 法求解器实现了在满足特定环境目标（如将河流保持在特定类别）的同时，调整流量大小以更接近优化状态。

DRIFT 法应用初期通过 DRIFT 法求解器设置不同的流量场景，通过调整水量开发及配置方式以匹配更高的生态系统完整性得分。然而该方法存在两项弊端：

（1）水量开发与配置本身是一项复杂过程，在不同季节与不同年份均可能产生不同的开发配置情况，因而该方法仅适用于短时间段的生态流量评价工作，缺乏硬件设备（商业处理软件）匹配长时间序列（大于20年）的流量评价研究。

（2）DRIFT 求解器优化处理仅在流量和完整性得分之间进行权衡，随着不同流量指标纳入评价系统，仅考虑流量变化情况无法有效反映生态系统健康状况（如生物类指标鱼类数量不仅与流量大小相关，也与自身生命周期及季节性变化情况相关）。

为解决以上问题，DRFIT 法开发了新的流量场景设计方法以满足特定的环境（或其他）目标。该方法创建大量的"合成场景"用于表征河道在流量及时间尺度上的变化情况，以便找到一个接近目标条件的流量场景。新方法创建的场景主要包括两种类型：

（1）中间场景。该场景是介于流量开发程度最大的场景与参考场景之间的一系列流量场景。一般情况下通常选择河道当前状况作为参考场景，当研究工作为设计河道恢复方案时，可将河道开发程度最小时对应的河道状况作为参考场景。

（2）混合场景。该场景是多项中间场景混合得到的，一般在设计混合场景前确定某项指标（如流量大小），如设计流量低于该指标时，则使用一个中间场景的流量，而高于该指标则用另一个中间场景的流量代替。

1. 中间场景

中间场景的创建及评估步骤如下：

（1）整理现有场景的日流量时间序列，选择最大与最小流量开发场景。

（2）找出每个时间步长的最大和最小流量开发场景之间的差异。

（3）选择最大与最小流量开发场景之间所需的中间场景数量。所选择的场景数量将取决于最大与最小流量开发场景之间的差异程度、拟定的研究尺度以及时间或预算限制等。原场景与中间场景的流量过程如图 3-2 所示。以图 3-2 为例，案例中创建了 5 个中间场景，代表了最大与最小流量开发场景之间的 5 种新的流态。中间场景的数量也决定了创建混合场景的数量。

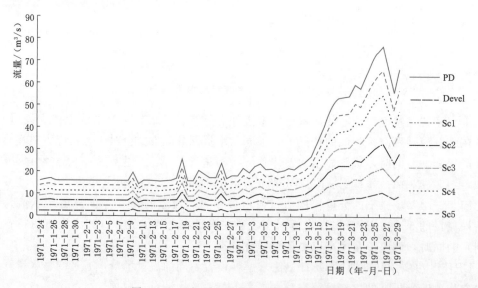

图 3-2　原场景与中间场景的流量过程图

（4）为每个中间场景设计相应的流量过程。如图 3-2 所示，每根曲线代表一个流量场景，不同曲线表征了不同流量场景下研究区域流量随时间的变化情况，将最大和最小流量开发场景下的流量过程求差值，中间场景的数量加 1，两者取商确定每个中间场景对应前一个场景流量的增加量。

（5）绘制流量历时曲线。原场景与中间场景的流量历时曲线图如图 3-3 所示。流量历时曲线（flow-duration curve）是反映流量在某一时段内（或年内某一季节、一年）超过某一数值持续天数的一种统计特性曲线。其纵坐标为日平均流量，横坐标为超过该流量的累计天数百分比，即历时。

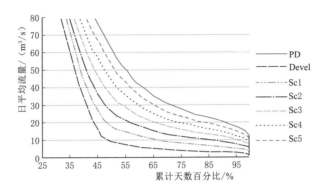

图 3-3　原场景与中间场景的流量历时曲线图

2. 混合场景

混合场景是由其他场景成对组合创建的，即最大与最小流量开发场景和中间场景。该场景的创建及评估步骤如下：

（1）根据流量历时曲线选择某一百分比作为标准。以图 3-3 为例，横坐标 45%～55% 累计天数百分比对应的曲线斜率较高，曲线在该处附近整体走向由"陡"变"缓"，因而选择 50% 累计天数百分比作为标准。在图 3-3 中，最大流量开发场景 50% 累计天数对应流量为 $8.975\text{m}^3/\text{s}$，将超标百分比（50%）对应的流量值定义为一个断点流量，高于该断点的时间序列值来自其中一种场景，低于该断点的时间序列值来自另一种场景。因此，较高的流量可能来自中间场景 1（介于原场景与最大开发场景之间的场景，场景 1 也就是图 3-3 中的"Sc1"，场景 2 同理），较低的流量可能来自中间场景 2。

混合场景包含两种类型：①来自某个场景的高流量（例如场景 1）和来自下一个增量的低流量（例如场景 2）；②来自某一场景（例如场景 2）的高流量和来自上一个增量的低流量（例如场景 1）。

（2）创建①类的混合场景。原场景、中间场景和混合场景流量过程图如图 3-4 所示。按照设计场景中的最大流量开发场景对应的水文过程运行。在每个时间步长中检查流量值是大于还是小于该场景的断点流量（即本例中的 $8.975\text{m}^3/\text{s}$）。如果流量大于断点流量，则使用当前场景中的流量，否则使用下一个场景（场景 1）的对应时间序列步长中的流量。这个混合场景称为 Maxw1lo。

对设计场景中的下一个场景（即场景 1）重复上述操作获得混合场景 2（1w2lo）。

继续如上操作直到获得最后一个混合场景（5wMin）。

（3）创建②类的混合场景。原场景、中间场景和混合场景流量历史曲线图如图 3-5

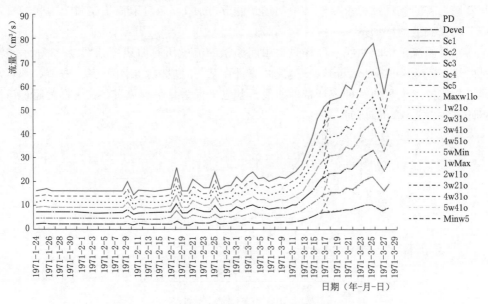

图 3-4 原场景、中间场景和混合场景流量过程图

所示。按照设计场景中的第二个场景（即场景1）的时间序列来运行。在每个时间步长中检查流量值是大于还是小于该场景的断点流量（本例中场景1断点流量为 $16.924\text{m}^3/\text{s}$）。如果流量大于断点流量，则使用当前场景（场景1）中的流量，否则使用上一个场景（最大流量开发场景）对应时间序列步长中的流量，此场景称为1wMaxlo。

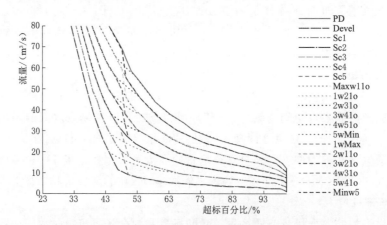

图 3-5 原场景、中间场景和混合场景流量历史曲线图

对设计场景中的下一个场景（即场景2）重复此操作获得混合场景2w1lo。

继续如上操作直到评估最后一个场景（即最小流量开发场景），获得最后一个混合场景（Minw5）。

场景创建完成后首先需要分析各项场景的每日流量状况，统计相关数据并计算后期生态流量评估中需要的流量指标（例如月均流量等）；然后运行模型合成场景来评估各项流量场景下的生物物理指标和社会经济产生的响应情况，计算每个场景的最终完整性评分。

根据完整性评分结果绘制散点图，用于显示所有合成场景的完整性得分与各场景下设计流量占河道多年平均流量的百分比，创建新方法下的生态系统完整性得分图，生态系统完整性得分图如图3-6所示。所有的合成场景都位于合理范围内。其他水资源开发场景也可以在这张图上绘制出来。

根据生态系统完整性得分图可以对各项场景进行评估，以确定最接近环境目标的特定场景。例如，目标可能是一个完整性得分比原场景（图中红色方块处）低0.5的场景。在图3-6中，用棕色圈出来的两个场景将符合要求。可以选择最接近有效边界的一个（即正确的完整性评分，最低多年平均流量要求）。两个橙色圈出来的场景更接近河道现状，同样，最接近有效边界的场景将是合适的选择。〔当前的场景用红色方块表示。有效边界（红色虚线）处揭示了最高的完整性得分/最低的多年平均流量组合〕。

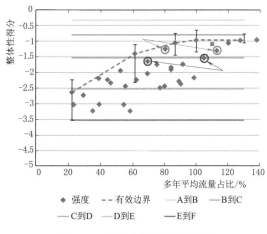

图3-6 生态系统完整性得分图

3.5 选定研究指标

3.5.1 已有方法指标选取情况

3.5.1.1 MFAT

墨累河流量评估工具（Murray Flow Assessment Tool，MFAT）包含一个生态指标数据集，该数据集分为五个学科，每个学科包含若干指标，各项指标通常包含多个子指标及驱动指标，MFAT选取的指标见表3-3。

表3-3　　　　　　　　　　　MFAT选取的指标

学科及领域	指　　标	子指标	驱　动　指　标
水文学	见表3-8	由决策支持系统输入	
水力学			
水质	盐度	由决策支持系统输入	
	浊度		
漫滩植被	枫林、树林、黑森林、灌木地、草地	稳定的生境条件	洪水发生时间，洪水持续时间，枯水期持续时间，洪水发生次数
		变化的生境条件	淹没深度、淹没发生时间、淹没持续时间
湿地植被	边缘植物：蒲公英	稳定的生境条件	淹没深度、淹没持续时间、水深变化率
		变化的生境条件	变化发生时间、水位降低率、水位增长率、水位变化逆转间隔时间

学科及领域	指 标	子指标	驱 动 指 标
湿地植被	边缘植物：芦苇	生境条件	与蒲公英情况类似
	边缘植物：黄泥草		
	开放水域植物：苦草	稳定的生境条件	
		变化的生境条件	水位变化时间、水深
水鸟	群居筑巢水鸟（朱鹭、白鹭、苍鹭、琵鹭）	繁殖栖息地条件	淹没面积百分比、洪水持续时间、水位降低率、枯水期持续时间、适宜筑巢植被范围
	水禽与灰雁（灰鸭、粉红鸭、雀斑鸭、黑顶琵嘴鸭、大冠灰雁、白头灰雁）	繁殖栖息地条件	
	水鸟	觅食生境条件	淹没面积百分比、水深变化
鱼类	金鲈、银鲈	稳定的生境条件	木屑、鱼道、水温、河道状况、养护流程
	麦格理鲈鱼		
	湿地鱼类（澳洲胡瓜鱼、骨鲥鱼、鲤鱼、南方小鲈鱼、硬汉鱼、澳洲南乳鱼、淡水鲶鱼）	变化的生境条件	产卵生境条件：视种群而定，无洪水时产卵生境条件，洪水流量大小，产卵时机，流量增长率，流量增长持续时间，河道地质，流量降低率，流量百分比
	淡水鲶鱼		
	主河道广泛分布鱼类（澳洲胡瓜鱼、骨鲥鱼、平头鱼）		
	主河道稀缺鱼类（澳洲墨瑞鳕、鳟鱼、河黑鱼、双刺黑鱼）		幼体生境条件：视种群而定，淹没面积，淹没持续时间，枯水期流量，水流持续时间，幼体生境条件（无水），水流下降速率（幼体），流量百分比（幼体）
	适应低流量鱼类（红点彩虹鱼、鲤鱼）		
藻类增长	受流量变化影响较大的藻类，可转化为相关的藻类指数	整体生境条件	模拟河道每日流量、每日平均流量深度及流速、每月平均浊度、月最低及最高平均气温、月平均相对湿度、月平均风速、堰池位置和宽度、各种藻类种群参数

3.5.1.2 WFET

美国科罗拉多州开发的流域流量评估工具（watershed flow evaluation tool，WFET）使用了6项生物物理指标，WFET选取的指标见表3-4。6项指标在当地得到广泛应用并被确定为表征生态系统功能的重要组成部分。

表3-4　　　　　　　　　　　　WFET选取的指标

学科分类	指 标	子指标	相 关 指 标
水文	见表3-8		由决策支持系统输入
	鳟鱼	无	夏季低流量
生物物理	暖水性鱼类（小溪）	无	夏季低流量
	暖水性鱼类（河流）	宽鳍亚口鱼	夏秋季低流量
	河岸植被	无	年最大日流量
	侵蚀潜力	无	泥沙输移模型的标准参数
	娱乐活动	划船	年平均流量

3.5.1.3 BCG - DSS

BCG - DSS 是针对美国科罗拉多州甘尼逊黑峡谷国家公园（Black Canyon of the Gunnison）河流生态流量评估而开发的决策支持系统，该系统使用了 5 项生物物理指标，包括植物群落、鱼类、沉积物等学科，BCG - DSS 选取的指标见表 3 - 5。

表 3 - 5   BCG - DSS 选取的指标

学科及领域	指 标	子 指 标	相 关 指 标
水文学	见表 3 - 8	流量与加权可用面积、剪应力、淹没面积、泥沙输移情况	
水力学			
生物物理指标	梣叶枫	无	洪水持续时间、剪切应力
	植物群落组成	无	洪水持续时间
	鲑鱼栖息地适宜性	彩虹鳟、褐鲑鱼	繁殖关键期的平均每日流量
	沉积物输移	无	年平均日流量、年最大日流量、14 天最大每日流量
	国家公园管理局联邦储备的水量	最小流量、峰值流量（5—6 月）	预测水文条件、水库存储水平

3.5.1.4 DEMIOS

动态河口间歇开放系统模型（dynamic estuary model for intermittently open systems，DEMIOS）是针对非洲南部河流生态流量评估研究而开发的模型，该模型在指标选择方面与 DRIFT 相似，主要包含生物物理学科加管理学科及社会经济学科等共 8 类。DEMIOS 选取的指标见表 3 - 6。

表 3 - 6   DEMIOS 选取的指标

学科及范围	指 标	子指标	驱 动 指 标
物理	护堤高度、水量、水位、决口事件	无	海浪高度（数据集）、海平面（数据集）和每日流量（模型模拟）
海洋化学	平均盐度	无	海水中的盐分（模型模拟），破裂过程中的盐分损失（模型模拟）
营养物质学	溶解性无机氮	无	淡水和盐水的输入，微藻的吸收，植物的吸收，水的流出（模型模拟）
微藻学	浮游植物、底栖微藻（沉积物）、底栖微藻（沉水大型植物）	无	破坏、消耗（浮游动物、无脊椎动物、鱼类）、水停留时间、浊度、盐度、噪声、泥、沙、淹没植物区。
大型植物学	潮上带潮间带盐沼、芦苇、莎草和水下大型植物	无	淡水流入，潮汐交换，盐度，水位波动和泥沙动力学
无脊椎动物学	浮游动物、底栖大型生物	无	浮游植物浓度、出水情况、种群生长参数、沙、泥、大型植物区、不同深度区、口腔状态

续表

学科及范围	指　标	子指标	驱　动　指　标
鸟类学	本地潜水食鱼鸟（翠鸟、鱼鹰）、迁徙性潜水食鱼鸟（燕鸥）、追逐游动的食鱼鸟（鸬鹚、水鸟）、涉水食鱼鸟（鹳、苍鹭、白鹭）、常驻涉禽（蛎鹬、鹬）、迁徙的涉禽（鹬、中杓鹬）、食草动物（水鸭、翘鼻麻鸭）	无	季节、水位
鱼类学	海洋产卵鱼	鹤嘴鱼、白石嘴鱼、鲻鱼及日本银鲗	繁殖、迁移、口裂、自然及捕捞死亡率
	江口产卵鱼	河口圆头鲱鱼、河口尖吻鲈和虾虎鱼（虾虎鱼科）	河口水面面积、大型植物裸露区搁浅损失和冲刷、种群增长参数
管理指标模型	生物口腔状态、盐度、水质、潮间带、浮游植物、底栖微藻、大型植物、浮游动物、底栖无脊椎动物、鱼类、鸟类	无	整个运行期间的平均值
总经济价值	娱乐及美学价值（财产及旅游）养殖价值存在价值	无	水位、水质（以累计关闭天数表示）、垂钓鱼类及潮间带盐沼丰富度、鱼类、河豚数量

3.5.2　DRIFT 法指标选取

应用 DRIFT 法指标评估河道生态流量时需要根据现场调研情况设定一系列指标并形成指标列表，在指标列表中需要罗列各项指标之间的响应关系，供信息获取阶段及分析阶段使用。指标列表中应包括如下内容：

（1）项目指标。指标列表中需要罗列本次研究涉及的学科以及各学科分类下的指标。各项指标可以在 DRIFT-DSS 软件中手动输入、在已有的指标集中选择以及应用 Excel 表格导入。

（2）断面指标。该类指标为研究团队根据研究区域设定的不同生态流量监测断面位置及功能的特殊性分配至某个特定断面的指标（如在产卵场断面设定高流量脉冲指标）。

（3）综合指标。综合指标为由两个或两个以上其他指标综合而成的指标（例如，家庭收入可以是一个由捕鱼、旅游业等若干家庭收入来源组成的综合指标）。

（4）指标间的响应关系。可根据经验及现场调研结果建立各项指标之间的响应关系，为每个指标选择一个或多个驱动指标。驱动指标的意思是一个指标的输出构成对一个指标或子指标的输入，也称为"关联指标"。

DRIFT 法明确将社会经济学纳入指标选取的学科范围中。DRIFT-DSS1 和 DRIFT-DSS 2 在生态流量评估研究中将一套完整的学科纳入考虑，即水文、地貌、水质、植被、无脊椎动物、鱼类，以及根据应用情况补充野生动物、鸟类和相关的社会学指标，DRIFT-DSS 指标示例（河流地点）见表 3-7。这些学科中使用的指标和子指标是专家根据所研究的地点、流域和经验所选择的。流量指标示例见表 3-8。

表 3 - 7　　　　　　　　　　　　　DRIFT - DSS 指标示例

学科	指　　标	相关指标（示例）
水文	见表 3 - 8	从表 3 - 8 中选取部分指标输入
地貌	一定范围裸露的岩石栖息地	枯水期：最小流量；丰水期：洪水类型
	粗沉积物	丰水期：洪水类型
	河道湿周	丰水期：洪水类型、持续时间
	死水位	枯水期：最小流量；丰水期：洪水类型
	植被覆盖的岛屿范围	
	低流量的沙洲	
	洪泛区黏土比例	
	被淹没的洪泛区范围	
	被淹没的池塘	
	凹岸范围	枯水期：最小流量，丰水期：洪水类型
水质	pH 值	枯水期：枯水期开始时间，持续时间，最小流量；丰水期：丰水期开始时间，持续时间，洪水类型
	导电率	
	温度	
	浊度	
	溶解氧	
	总氮	
	总磷	
	叶绿素 a	
植被	河道植物	枯水期：枯水期开始时间，持续时间，最小流量；丰水期：丰水期开始时间，持续时间，洪水类型
	下游湿滩（河马草、纸莎草）	
	上游湿滩（芦苇）	
	上游湿滩（树木、灌木）	
	干滩	
	洪泛区干滩	
	洪泛区残池	
	下游洪泛区	
	中游洪泛区（草）	丰水期：丰水期开始时间，持续时间，洪水类型
	上游洪泛区（树）	
无脊椎动物	河道—淹没植被	枯水期：枯水期开始时间，持续时间，最小流量；丰水期：丰水期开始时间，持续时间，洪水类型
	河岸植被	
	河道细颗粒沉积物	
	河道鹅卵石	
	河道—湍急	
	河道—池塘	

学科	指　标	相关指标（示例）
无脊椎动物	洪泛区—边缘植被	丰水期：丰水期开始时间，持续时间，洪水类型
	洪泛区—水池、死水	
鱼类	河生鱼类	枯水期：枯水期开始时间，持续时间，最小流量； 丰水期：丰水期开始时间，持续时间，洪水类型
	迁移洪泛区的小鱼	
	迁移洪泛区的大型鱼类	
	鱼—沙洲栖息	
	鱼—岩石栖息	
	鱼—植被边缘	
	死水里的鱼	
野生动物	两栖动物（河马、鳄鱼）	枯水期：枯水期开始时间，持续时间，最小流量； 丰水期：丰水期开始时间，持续时间，洪水类型
	青蛙、河蛇	
	洪泛区下游食草动物	
	中洪泛区食草动物	丰水期：丰水期开始时间，持续时间，洪水类型
	外洪泛区食草动物	
鸟类	食鱼动物—开放水域	枯水期：枯水期开始时间，持续时间，最小流量； 丰水期：丰水期开始时间，持续时间，洪水类型
	食鱼动物—浅水	
	食鱼动物和食无脊椎动物的动物	
	洪泛区生物	
	睡莲	
	果树	
	繁殖者—芦苇地，洪泛区	
	繁殖者—悬垂树木	
	繁殖者—岸	
	繁殖者—岩石，沙洲	
社会	家庭捕鱼收入	鱼类栖息地，大型洄游河洪泛区鱼类
	家庭家畜收入	上游湿滩（芦苇作为草料），洪泛区
	5 岁以下儿童的健康/腹泻发生率	浊度，总氮，叶绿素 a
	其他	

表 3-8　　　　　　　　流量指标示例

墨累河评估工具	流域流量 评估工具	甘尼逊黑峡谷 决策支持系统	下游对流量变化 的响应法决策 支持系统 1	下游对流量变化 的响应法决策 支持系统 2	流量评估工具
每日水深	年平均流量	年最小日流量	丰水期低流量	枯水期开始	断流天数
年内每日水深变化	1 月平均流量	年平均日流量	枯水期低流量	枯水期最低流量	低流量
流量百分比	8 月平均流量	年最大日流量	年内洪水Ⅰ级	枯水期持续时间	中值以上流量

墨累河评估工具	流域流量评估工具	甘尼逊黑峡谷决策支持系统	下游对流量变化的响应法决策支持系统1	下游对流量变化的响应法决策支持系统2	流量评估工具
水深增长率	最大日流量	年最大14日流量	年内洪水Ⅱ级	汛期开始时间	高流量
水深增加速度的持续时间		流量增长率	年内洪水Ⅲ级	洪水类型	河岸流量
水深减少率		流动稳定性	年内洪水Ⅳ级	汛期持续时间	溢流流量
雨季之间的枯水期		年内月流量变化系数	2年一遇洪水	枯水期与雨季流量变化率	
淹没面积占总面积的百分比			5年一遇洪水		
洪水期持续时间			10年一遇洪水		
鱼类产卵期流量			20年一遇洪水		
洪水次数					

3.5.2.1 水文水力指标

生态流量评估研究通常会将水文模型中模拟的河流流量数据与河流生态系统建立联系供生态学家分析。专家学者根据不同类型流量对河流生态系统的影响将日尺度上时间序列流量数据划分为在塑造和维持河流生态系统方面发挥着不同作用的流量状态部分,南非西开普河的流量类别与生态系统功能之间的联系见表3-9,该方法有效提高了水文变化对生态系统影响的预测效率。DRIFT法在南非的首次尝试将河流分为了"低流量""年内洪水"与"年际洪水"三类流量状态。低流量是河道的基本流量,在河道内维持了河流生态系统的基本功能。年内洪水是鱼类产卵和维持水质的重要流态,而年际洪水则维持了河道、湿润的河岸和洪泛区变化规律。随着研究的深入,三种流量类型有了更细致的划分与应用(King等,2003)。

表3-9 　　　　　南非西开普河的流量类别与生态系统功能之间的联系

流量类别	与生态系统功能之间的联系
枯水期低流量	维持多年生水生物种赖以生存的潮湿栖息地,引发一些昆虫物种的出现
丰水期低流量	维持湿润的河岸植被和快速流动的栖息地
年内洪水Ⅰ级	在枯水期中期触发鱼类产卵,冲掉水质差的水
年内洪水Ⅱ级	在枯水期初期触发鱼类产卵,冲掉水质差的水
年内洪水Ⅲ级	对沉积物按大小进行分类,保持物理异质性,冲刷河道,冲刷卵石
年内洪水Ⅳ级	对沉积物按大小进行分类,保持物理异质性,将河道边缘的树苗冲洗干净
2年一遇洪水	维持河岸上的林木线,冲刷出活跃河道中的沉积区
5年一遇洪水	维持河岸上的乔木/灌木植被带的下部,河岸带沉积物的沉降
10年一遇洪水	维护河道,重置自然生境,维护乔木/灌木区中部
20年一遇洪水	维护河道,重置自然生境,维护乔木/灌木区上部

以南非西开普河为例,表3-9详细说明了该河流流量类别及不同类别流量对生态系统功能之间的联系。但该表格无法有效描述洪水脉冲流量对生态系统的影响,因为洪水脉

冲流量能有效刺激河流生态系统中部分生物的繁殖行为，所以有必要将其纳入到河流流量类别分析中。目前大部分河流流态分析结合了流量大小与时间两个维度，引入了不同于以前流量类别的丰水期与枯水期的概念。莱索托卡泽大坝下游马里巴马索河 2 号站点的自然状态和四种水资源开发利用场景下的 DRIFT 法流量类别汇总见表 3 - 10。这标志着在 DRIFT - DSS 中开始使用时间序列文件研究河流水文过程。

表 3 - 10　　莱索托卡泽大坝下游马里巴马索河 2 号站点的自然状态和四种水资源开发利用场景下的 DRIFT 法流量类别汇总（King 和 Brown，2010）

流 量 类 别	自然年	最小开发程度对应场景	设计限制	场景 4	规定限度
丰水期低流量/(m³/s)	0.05～30.85	0.07～25.00	0.07～1.90	0.00～1.90	0.50～0.50
枯水期低流量/(m³/s)	0.08～23.01	0.05～9.00	0.05～1.20	0.00～1.20	0.50～0.50
年内洪水Ⅰ级	8	3	3	2	1
年内洪水Ⅱ级	2	2	1	0.5	0
年内洪水Ⅲ级	2	2	2	0.5	0
年内洪水Ⅳ级	1	1	0	0	0
2 年一遇洪水	有	有	无	无	无
5 年一遇洪水	有	有	无	无	无
10 年一遇洪水	有	有	无	无	无
20 年一遇洪水	有	有	有	有	有
年平均流量/(m³/s)	554	367	184	97	22
自然年平均流量占比/%	100	66	33	18	4
总取水流量/(m³/s)		18.3	22.8	25.2	26.8

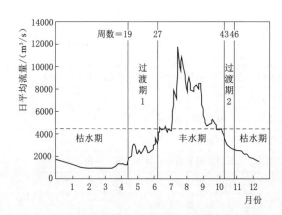

图 3 - 7　1988 年湄公河下游的年度水文曲线

1988 年湄公河下游的年度水文曲线如图 3 - 7 所示。湄公河下游 1988 年按照与生态系统的相关性被划分为四类流量季节。DRIFT - DSS 通过确定年内日均流量对应的流量指标的值，绘制了流量在自然状态和任何未来场景下时间和幅度上的变化。流量指标"丰水期"在 1988 年第 27 周开始，在其他年份中也可能出现在不同的时间点。定义长时间序列水文数据所对应的流量指标可以总结流态的自然变异性，并能判断这种变异性在未来场景中对生态系统的影响。例如，在水利工程施工的影响下，汛期高流量脉冲发生时间相较于自然条件有所延长，进而影响了产漂流性卵的鱼类的正常繁殖发育活动。

研究团队应用 DRIFT 模拟了不同水资源开发程度下奥卡万戈河沿岸地区枯水期持续

时间，随着水资源开发程度不断提高，各研究断面枯水期持续时间也逐渐增加。奥卡万戈河沿岸地区不同场景枯水期持续时间见表 3-11。

表 3-11　　　奥卡万戈河沿岸地区不同场景枯水期持续时间（**King 和 Brown，2009**）

研究断面	持续时间/天				说　明
	PD	低	中	高	
1	86	212	212	213	所有开发场景情况类似，比河流原状态下的枯水期延长 18 周
2	96	124	143	152	分别比河流原状态下的枯水期延长 4、7 和 8 周
4	135	150	168	176	分别比河流原状态下的枯水期延长 2、5 和 6 周
5、6	115	130	145	193	分别比河流原状态下的枯水期延长 2、4 和 11 周

注　PD 为河流当前状态，低、中、高代表开发程度不断提高的场景。

DRIFT-DSS 中计算与生态相关的流量指标统计数据见表 3-12，通过为每个流量季节添加流量指标来描述该流量季节时间段水文过程的变化特征。在实际研究应用中可以根据研究目标选取特定指标来反映研究区域内某一方面的问题。选择合适的指标可以有效反映研究区域涉及河流存在的主要问题并分析得到相应的解决方案，同时还可以根据关系曲线得到一组清晰的生态系统对河流流量变化的响应数据，该数据可作为预测生态系统和社会经济变化的基础数据。

表 3-12　　　　　　　DRIFT-DSS 中计算与生态相关的流量指标统计数据

季节	学科类型	指　标	单位	缩写
全年	水文	年平均流量	m^3/s	MAR
枯水期	水文	枯水期开始时间	周	Do
		枯水期相对开始时间	周	DoR
		枯水期持续时间	天	Dd
		枯水期 5 天内最小流量（Q）	m^3/s	Dq
		日平均流量	m^3/d	Ddv
		枯水期最小瞬时流量（Q）	m^3/s	DQ_{mni}
		枯水期最大瞬时流量（Q）	m^3/s	DQ_{mxi}
		枯水期最大变化率	$m^3/(s \cdot min)$	DR_{mxi}
	水力	枯水期 5 天内最小流速	m/s	DqV
		枯水期 5 天内最小湿周	m	DqW
		枯水期 5 天内最低水位	m	DQH
过渡期 1（T1）	水文	T1 日平均流量	m^3/d	$T1dv$
		T1 最小瞬时流量（Q）	m^3/s	$T1Q_{mni}$
		T1 最大瞬时流量（Q）	m^3/s	$T1Q_{mxi}$
		T1 最大变化率	$m^3/(s \cdot min)$	$T1R_{mxi}$

续表

季节	学科类型	指　标	单位	缩写
丰水期	水文	丰水期开始时间	周	Fo
		丰水期相对开端	周	FoR
		丰水期 5 天内最大流量（Q）	m^3/s	Fq
		洪水径流量	m^3	Fv
		洪水类型		F_Type
		丰水期持续时间	天	Fd
		丰水期最小瞬时流量（Q）	m^3/s	FQ_{mni}
		丰水期最大瞬时流量（Q）	m^3/s	FQ_{mxi}
		丰水期最大变化率	$m^3/(s \cdot min)$	FR_{mxi}
	水力	丰水期 5 天内最低水位	m	$F_{min}QH$
		丰水期 5 天内最大流速	m/s	FqV
		丰水期 5 天内最大湿周	m	FqW
		丰水期 5 天内最高水位	m	FqH
		丰水期 5 天内最小流速	m/s	$F_{min}QV$
		丰水期 5 天内最小湿周	m	$F_{min}QW$
		丰水期日平均流量	m^3/d	Fdv
过渡期 2（T2）	水文	T2 流量降幅率	$m^3/(s \cdot d)$	$T2s$
		T2 日平均流量	m^3/d	$T2dv$
		T2 最小瞬时流量（Q）	m^3/s	$T2Q_{mni}$
		T2 最大瞬时流量（Q）	m^3/s	$T2Q_{mxi}$
		最大变化率	$m^3/(s \cdot min)$	$T2R_{mxi}$

当前版本的 DRIFT‑DSS 在水文和水力模块中计算了表 3‑12 中所示的水力指标，在当前版本的下游对流量变化的响应法配套的决策支持系统（DRIFT‑DSS）中，这些水力指标被统一划分在流量指标中。计算以上流量指标一般要求具备研究断面的长时间序列数据。除此之外还可以使用响应曲线模块估算水力指标。

DRIFT 将河流水文状况概括为与生物物理和社会经济相关的流量指标。不同河流系统的相关流量指标可能在类型和数量上有所不同，表达指标所用的数学符号也有所差异。以奥卡万戈河研究为例，该研究共选取七项流量指标，表示为 FI_i，其中 $i = 1 \sim 7$，指标具体如下（King 和 Brown，2009）：

（1）FI_1：每年枯水期开始时间（Do），单位：周；

（2）FI_2：每年枯水期 5 天内最小流量（Dq），单位：m^3/s；

（3）FI_3：每年枯水期持续时间（Dd），单位：天；

（4）FI_4：每年丰水期开始（Fo），单位：周；

（5）FI_5：每年丰水期 5 天内最大流量，单位：m^3/s；

（6）FI_6：每年丰水期持续时间（Fd），单位：天；

（7）FI_7：每年过渡期 2（$T2s$）（丰水期后）的流量降幅率，单位：$\text{m}^3/(\text{s} \cdot \text{d})$。

流态本身并不直接影响生态系统，而是通过影响水力条件从而对生态系统产生影响。不同规模的泄洪产生了或深或浅，或快或慢的水流，造成部分河岸及洪泛区被淹没，并为河口提供淡水。诸如此类的指标直接说明了生态学家预测生态系统变化所需要的信息，尽管这些指标不一定是从标准水文—水力模型中容易收集到的。

3.5.2.2　地貌指标

河道流量及水力条件的变化影响了河流在泥沙输移、粒径筛选、河床冲刷、泥沙淤积等方面的作用，进而影响河道形态及可利用生境面积。选取地貌指标时需要考虑指标是否能够描述关键生境环境的变化情况以及反映社会属性受到何种影响。湄公河、奥卡万戈河、潘加尼河（坦桑尼亚东北部）流量研究选取的地貌指标见表 3-13。

表 3-13　　　　湄公河、奥卡万戈河、潘加尼河生态流量研究选取的地貌指标

湄公河指标	奥卡万戈河指标	潘加尼河指标
水池深度	淹没的水池	水池
河道中沙洲的范围	低流量时的沙洲	
河岸衰退率	凹岸范围	河岸侵蚀
每年低水位时的小岛数目	有植被的岛屿范围	
河道输移颗粒大小	粗泥沙占比	浅滩和急流
枯水期结束时河床高程		
悬浮沉积物浓度	漫滩黏土的百分比	细泥沙量

3.5.2.3　水质指标

水质指标是生态流量评估研究中最难处理的指标之一。该类指标是河流生境质量重要的组成部分，能通过水文过程产生响应变化进而影响河流生态系统功能。在 DRIFT-DSS 中，水质指标可以作为物理模块或栖息地质量等研究内容的代表性指标，添加进评估数据库并与流量指标及其他相关指标形成关联生成响应曲线。不同水质指标的阈值范围可根据其用途或来源划定（如硝态氮指标可根据家庭生活污水、农业灌溉及畜牧养殖等来源划定阈值范围）。水质指标在 DRIFT 中的表现形式为某一季节中某项水质指标超过规定阈值的百分比。湄公河、奥卡万戈河以及潘加尼河（坦桑尼亚东北部）生态流量研究选取的水质指标见表 3-14。

表 3-14　　　　湄公河、奥卡万戈河以及潘加尼河生态流量研究选取的水质指标

湄公河指标	奥卡万戈河指标	潘加尼河指标
pH 值	pH 值	pH 值
盐度	导电率	导电率
	温度	温度
透光率/TSS	浊度	浊度
溶解氧	溶解氧	溶解氧

续表

湄公河指标	奥卡万戈河指标	潘加尼河指标
营养物质	总氮	总氮
	总磷	总磷
	叶绿素 a	叶绿素 a
大肠杆菌		
血吸虫		

3.5.2.4　沉积物指标

在 DRIFT - DSS 中，沉积物指标可以作为泥沙模块代表性指标添加进评估数据库，沉积物指标在 DRIFT 中的表现形式为某一研究断面记录或模拟的沉积物变量的最大值、最小值及平均值。

3.5.2.5　生物指标

生物指标是指河流生态系统中除人以外的所有生物部分，即植被、水生无脊椎动物、浮游生物、鱼类、鸟类和其他野生动物。物种应按其特有的生境条件分组。例如，在洪泛区边缘吃草的大型哺乳动物可以与在洪泛区中部吃草的哺乳动物分开归类，而那些通常在洪泛区离河流最近的哺乳动物则构成第三组。全年停留在河道某一区域的鱼类可以与沿着河道迁徙的鱼类以及迁移到被淹没的洪泛区的鱼类区别开。DRIFT 中常应用物种与水力需求的矩阵识别不同群体并进行分类，奥卡万戈河研究中鸟类的指标见表 3 - 15。该表假设在一个指标范围内的所有物种都同样受到其水力栖息地变化的影响。

表 3 - 15　　　　奥卡万戈河研究中鸟类的指标（King 和 Brown，2009）

编号	指标	食物	饮食习惯	进食区	育种区	物种
1	开阔水域的食鱼动物	中型鱼类	在鱼后潜水游泳	开阔的深水区，没有植被	树木、芦苇或礁石	鱼鹰、长尾鸬鹚
2	浅水区的食鱼动物	小鱼	从浅水区的悬垂树上捕食	浅水区、季节性的池塘和被淹没的沼泽	树	横斑渔鸮、大白鹭、苍鹭、翠鸟
3	退潮水域的无脊椎动物和鱼苗	无脊椎动物和鱼苗	退潮时期在洪泛区产卵后，以鱼苗为食，或者在干涸的池塘	浅水	灌木或芦苇	小苍鹭/白鹭、鹈鹕、鹳、鸻、鸮、矶鹬
4	洪泛区生物	软体动物、青蛙、鱼类和种子	在浅水区涉水	洪泛区	栖息于河岸和岛屿的芦苇床上	非洲啄鹭、鸭、鹅、白鹤、白鹭
5	睡莲生物	昆虫、软体动物、种子、甲壳类	在地表植被上行走或奔跑，啄食食物，并经常翻动树叶	在洪泛区或死水区的睡莲	漂浮在水面上的植被	非洲小水雉
6	果树生物	水果	固定于树枝间	果树	在树上（巢穴或洞中）	鹦鹉、蕉鹃、白头翁、欧椋鸟、巨嘴鸟
7	岸上生物	无具体分类	各种各样的	开放水域	完全依赖于主要河流中露出的岩石、沙洲和岛屿筑集	岩石林鹬、非洲鸥

表 3-15 中的所有生物指标都将是响应者，各项指标与河流水文、物理、化学等指标相关联，同时也可以作为其他生物指标的驱动因素。

3.5.2.6　社会指标

社会指标主要包括人类从河流中可以直接使用的资源，该类资源可以随流量变化而变化，从而影响居民收入、健康和福利等社会性因素。通常社会指标的选取范围包括以下领域：

（1）开发渔业、旅游业等获得的家庭收入。

（2）从河流中获得的食物（河鲜、水生植物等）。

（3）与河流相联系的娱乐、文化、精神和宗教（例如洗礼场所）带来的社会福利。

（4）被研究河流中出现的珍稀动物或标志性物种，以及河流位于国际或国家保护区而产生的保护价值。

（5）河流对人和牲畜健康的影响。

（6）航运服务。

每项社会指标都与一系列河流的水文、物理、化学和生物指标相关联，关联指标推动社会指标的变化。DRIFT 法中定义了一项综合指标（C）作为若干社会指标的总和。例如，"家庭渔业收入""家庭灌溉农业收入"和"家庭畜牧收入"可能构成一个称为"家庭收入"的综合指标。由于每个因素对家庭总收入的贡献可能不同，因此需要对各种收入来源的贡献进行加权，定义 C_X（X 为季综合指标值）为各贡献指标季节值（％）的加权和，其计算公式为

$$C_X = \sum_{i=1}^{n} C_i S_X^i \tag{3-1}$$

式中　C_X——综合指标 C 在 X 季节的加权和，％；

　　　S_X^i——指标 i 在 X 季节的贡献，％；

　　　C_i——指标 i 的权重；

　　　n——指标个数。

3.5.3　指标选取原则

1. 术语

指标是监测和评估系统的基本组成部分。在水资源综合管理部门（Integrated Water-resource Management，IWRM）的工作中，指标是用于评估某一目标进展情况的一系列术语中的一部分（Black 和 para el Agua，2003）。这些术语分别为

（1）目的（goals）：关于要实现什么或要解决什么问题的广义定性陈述。

（2）目标（objectives）：为实现目的而确定的方法。

（3）操作（actions）：为完成目标而确定的具体活动。

（4）对象（targets）：实现目的、目标和操作而确定的可衡量的标准。

（5）指标（indicators）：为评估进展而选择的措施。

各项指标根据研究目的可分为：①过程指标——跟踪进度；②结果指标——监测结果；③影响指标——监测进度。

虽然 IWRM 对各项指标类型与性质做了相应描述，但目前研究中大部分指标都属于应用监测结果的指标。在生态流量评估中，研究目的不是监测，而是描述河流当前的情况并预测河流当前状态如何随着人类对于水资源开发、利用、管理活动而改变。因此，生态流量评估研究重点在于评价与预测工作而不是监测当前河流所处的状态。

2. 准则

在选择指标阶段可遵循以下准则：

（1）该指标必须与正在处理的问题有关。

（2）该指标可以通过某种形式进行量化，并广泛地反映利益相关者关注的问题。

（3）该类指标与河流流量或河流生态系统存在响应关系，并且可以随着流量状况和生态系统的变化而变化。

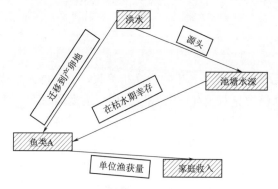

图 3-8　指标（框内阴影）和过程（箭头）
组成的网络关系链

3. 关系链

在生物物理与社会经济指标选取中，与流量没有明显联系的指标（如住在河边有手机的人的数量）不能用来预测水资源管理计划下河流的响应结果。在 DRIFT - DSS 中通常使用指标网络关系链（图 3 - 8）来描述河流生态系统及其人类用户。链接指标的箭头显示了其中的因果关系。本质上，箭头代表过程，指标代表过程的结果，指标网络关系链作为一个整体表示一个简化的生态系统模型。这些指标用于描述河流的流量状况、生态系统属性和与河流相关的社会属性。

4. 考虑因素

应用 DRIFT - DSS 可根据研究需要设定一套特定指标，指标的选择主要根据研究区域水生态系统的性质、河流自然流动状况、当地水资源开发利用现状（例如，对于用电高峰期的特殊需求，流量指标将需要考虑每日的波动）以及项目研究目标等因素决定（Beilfuss 和 Brown，2006）。具体的指标要求及相关描述见表 3 - 16。

表 3 - 16　　　　　　　　　选择指标的具体要求及相关描述

编号	指 标 要 求	备 注
1	指标应与流量/水位相关联，或与其他指标关联	没有关联的指标不能用于预测与流量相关的变化
2	指标应在丰度、面积或浓度上随流量变化而有所变化	保证各项指标具有响应效果
3	指标能够描述驱动指标和响应指标之间的关系	这些关系可以用响应曲线来描述
4	以相同方式响应流量的指标可以进行组合	例如，与水流有相同或相似关系的鱼类可以被组合。一些水质变量，如导电性和总溶解固体，可能以类似的方式响应流量组合

续表

编号	指　标　要　求	备　　注
5	指标列表可能因地点而异，同时受不同地点影响的指标应该出现在多个列表中	该类指标主要包括沉积物、水质和鱼类
6	指标应包括任何具有社会重要性的河流资源	这涉及一个交流合作过程，即社会专家检查他们感兴趣的生物物理属性是否作为指标被包含在内

一些指标的响应结果取决于指标列表中驱动指标的变化情况。例如，生物指标的变化情况将受到选定的物理或化学驱动指标预期变化的影响。鱼类 A 驱动指标的假设示例示意图如图 3-9 所示。每个驱动指标都需要响应曲线，将这些数据结合起来得出鱼类 A 对枯水期流量变化的响应情况。图中粗黑线表示相关指标，主要反映了枯水期低流量减少对一种生活在浅滩的鱼类（A）的影响。这种影响可能取决于流量变化对以下指标的影响：①水深（水力学指标）；②湿周（水力学指标）；③流速（水力学指标）；④浅滩区面积（地貌学指标）；⑤栖息地质量（地貌学指标）；⑥水温（水化学指标）；⑦营养盐（水化学指标）；⑧河流中的植被（生物学指标）；⑨岸边植被（生物学指标）。

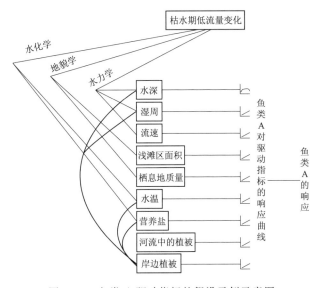

图 3-9　鱼类 A 驱动指标的假设示例示意图

如果生物—物理专家编制的指标清单不包括必要的驱动指标，则无法获得鱼类专家所需的信息。因此，该过程最重要的是确定其他学科所需的资料，并确保这些资料列入指标清单。为了使数据库的设计和操作更有效，并使研究团队的注意力集中在最重要的问题上，DRIFT 中每个学科涉及的指标最多有 10 个。

第4章 获取信息阶段

4.1 水文模型

目前，DRIFT 法体系中不包含具体的水文模型，研究团队可根据具体研究需求以及现有的水文数据选择已建立的或者适合的水文模型。生态流量评估需要以每个生态流量监测站点的水文数据作为基础，利用适宜的模型结合前期设想的开发场景来模拟生成与各项场景相关的自然和预测的未来水流状态。通常，模型需要的输出结果是每日流量数据（月尺度数据无法达到研究的精度要求），特殊情况如生态流量监测站点受到上游水利工程每日在用电高峰时段的影响产生陡增流量，在这种情况下，水文数据需要精确至每小时的流量，或根据上游水利工程调度运行方案对特殊时段每小时流量数据进行预测。

运用 DRIFT 法评估生态流量的基本要求是连续数年获得每日（有时是比日尺度更短的周期，如每小时）的水文流量序列数据，时间尺度最好在 30 年或以上。由基础数据组成的时间序列文件表示了规定期间内研究断面现状场景下的水文过程。然后应用 DRIFT - DSS 在同一时间段内针对自然条件和所有选定的场景生成模拟时间序列。每项时间序列文件对应表示了该周期内的水资源开发利用条件。

为便于评估水文过程变化产生的生态效益与社会经济效益，生态学家和资源经济学家会选择部分流量指标赋予相应的生态及社会经济意义，具体见 3.5 节。

4.1.1 水文资料

研究所需水文资料主要由使用的生态流量评估方法对应的决策支持系统（decision support system，DSS）决定。大多数生态流量评估研究所使用的决策支持系统或模型方法并没有指定需要计算的流量指标，而是根据特定研究需求选取流量指标，或者是为了具体的生态保护目标而设定的生态响应所需要的流量指标（表 3 - 4 中列举了部分具体指标）。DRIFT - DSS 分为两种类型，其中 DRIFT - DSS 1 适用于温带河流，该决策支持系统将水文过程分解为多个被用作生态响应输入的流量组成部分（例如丰水期低流量、枯水期低流量、年内和年际洪水）。对于非温带地区洪水多发性河流 DRIFT - DSS 1 同样适用。DRIFT - DSS 2 适用于枯水期与丰水期区分度较高的河流，涉及的指标包括枯水期和汛期的开始时间、枯水期持续时间、洪水类型和流量降幅率等相关的流量指标（具体见表 3 - 8）。

目前现有的生态流量评估方法中所使用的方案决策系统所需要的流量指标数据主要依靠现有水文模型进行模拟分析获得，而不是在方案决策系统中创建分析。Marsh 等（2007）提出的一款河流分析软件包 RAP（River Analysis Package）中包含了专门用于计算流量指标的模块，同时该系统还可以用于分析水文或其他时间序列的模块，以表 4-1 为例，河流分析软件包对部分水文水力数据进行转化分析并得出一系列时间序列文件，用于计算某些汇总的水文数据和流量指标。

表 4-1　　　　　　　　河流分析软件包（RAP）包含的水力和时间序列分析

水力分析	时　间　序　列　分　析
表面宽度	一般统计量、平均值、中位数、Q_{90}、Q_{10}、偏态、变异系数
湿周	高流量时段分析
横截面积	低流量时段分析
单宽流量	部分连续洪水频率
整体（平均）流速	年连续洪水频率
水力半径	根据湿周与过水断面面积自动显示
弗劳德数	输入数据
纵横比	时间序列度量的图形化解释（年、季、月）
	流量持续时间曲线（全周期、年、季、月）
	洪水频率曲线（部分及年连续）
	流量的基本流量组成

4.1.2　多平台耦合应用

现有生态流量评估方法涉及多种编程语言及软件平台的耦合使用。现有部分生态流量评估方法涉及的编程语言见表 4-2。

表 4-2　　　　　　　　现有部分生态流量评估方法涉及的编程语言

研　究　方　法	编　程　语　言
DRIFT 法	MS Excel、VBA macros
甘尼逊黑峡谷决策支持系统（BCG-DSS）	MS Excel、VBA macros
动态河口间歇开放系统模型（DEMIOS）	STELLA
桌面模型（Desktop Model）	Delphi
EcoWin 2000	以 MS Excel 作为用户界面使用 C++
模型决策支持系统第 4 版（MDSS4）	Visual Basic. NET
墨累河流量评估工具（MFAT）	MS Visual Basic、C#
河流分析软件包（RAP）	NET Framework.

除编程语言之外，现有生态流量评估方法涉及的水文模型都包含 GIS 功能。新版本的 DRIFT-DSS 可以与谷歌地图软件创建链接，还可以利用谷歌地图资源标注相关研究区域及监测断面的位置。

4.2　生态系统变化预测

4.2.1　信息流处理

DRIFT - DSS 对现场调研得到的各项数据进行处理分析，DRIFT 信息流如图 4 - 1。本节将说明应用 DRIFT 法进行生态流量评估及建立模型所需要的背景、技术信息等与计算相关的信息，应用相关的数学符号给出了计算结果，并给出了相关的算例。

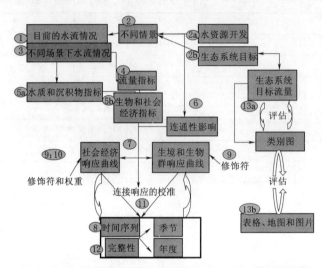

图 4 - 1　DRIFT 信息流（步骤 1 与步骤 2 在 DRIFT - DSS 之外产生）

按照 DRIFT - DSS 对导入数据处理的流程，对每一个步骤做大致解释，具体说明如下：

步骤 1：总结整理研究流域目前的水文状态。

步骤 2：通过参与研究的人员和其他利益相关者的讨论确定流量场景。从以下两方面考虑流域未来可能出现的各种场景：

a. 根据水资源开发程度的不同建立流量场景。

b. 考虑河流生态系统的保护或恢复。该类情况需要综合考虑各项有利于维持或改善不同河段基本生态条件的水流制度。各项流量调度目标被称为生态系统目标流态（eco-system target flow regimes，ETFR），可用于构建类别图。

步骤 3：根据步骤 1 与步骤 2 生成与每个场景相关联的流态。

步骤 4：将步骤 3 中生成的流态导入 DRIFT - DSS 中，用于创建流量指标的季节性时间序列。

步骤 5：定义生物物理和社会经济指标。

步骤 6：研究步骤 2 中得到的流量场景中涉及的部分水资源开发项目对河流系统连通性的潜在影响，例如大坝的建立阻碍了上游沉积物的输移以及隔断了鱼类的洄游通道。

步骤 7：建立响应曲线用于表示生物物理和社会经济指标对流量及关联指标变化的响应情况。

步骤8：建立季节性及年度时间序列文件用于反映不同流量场景下的水文过程及流量指标变化情况；采用时间序列方法评估河流生态系统对流量变化的响应情况需考虑以下两种情况：

a. 特定流量时间上的变化，例如雨季流量开始的时间延迟。

b. 对于特定情况而言，考虑特定时间步长条件的响应比考虑多年平均响应情况更容易。

步骤9：尝试多种方法对生境、生物群和社会经济指标的响应情况加以补充，以解释剩余人口、"承载能力"以及人口的恢复情况。

步骤10：使用权重指数调整各项指标对"综合指标"和计算完整性得分的贡献。

步骤11：考虑到变一个指标的响应曲线会对其相关指标的响应产生连锁反应，因此需要校对生物或社会经济指标与非流动指标之间的关联及响应曲线。

步骤12：结合生态系统当前的健康状况等基本信息定义一组权重并从学科、地点和流域级别上计算完整性得分。

步骤13：对各项流量场景进行评估和比较，如根据不同生态保护目标设定生态系统目标流态，对比不同流量场景对于该目标流态的满足度。评估结果可通过DRIFT－DSS输出图形表达，不同流量场景下洄水区鱼类数量的变化情况如图4－2所示。

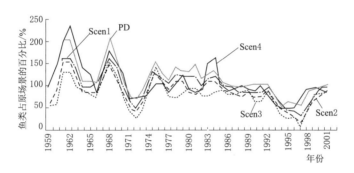

图4－2　不同流量场景下洄水区鱼类数量变化情况

4.2.2　生物物理及社会经济指标分析

以奥卡万戈河项目为例，参与这项研究的专家选择了一组生物物理和社会影响指标用于表征对河流水文过程变化敏感的生态系统属性（表4－3）。生物物理指标必须是具体对象（例如沙洲），而不是过程（例如营养循环），对生物物理指标的预测主要围绕指标的丰富度、浓度（例如水质）或范围/面积（例如河流）的变化情况进行描述与分析。在条件允许的情况下，应用DRIFT法进行生态流量评估研究时可选取的指标数量可达到50~70个。

表4－3　　　　奥卡万戈河研究项目生物物理和社会影响的指标示例

对　　象	指　　标
地貌学	沙洲
水质	导电率
河岸植被	上游湿岸（树木及灌木）

续表

对　　象	指　　标
三角洲植被	下游漫滩
大型无脊椎动物	河道—被淹没的植被生境
鱼类	迁徙到漫滩的鱼类
野生动物	外滩食草动物
社会—经济	家庭收入—芦苇

4.2.3　生态系统响应分析

生态系统响应分析主要采用特殊的方式为不同学科指标建立关联，从而预测流量变化下生境质量及社会经济的响应情况。目前已有的生态流量评估方法中包含了多种建立指标关联的方式。

4.2.3.1　偏好曲线法

偏好曲线能够获取生物指标（例如鱼类 A）对特定变量流量指标（例如最小枯水期流量）或驱动指标（例如深度）的偏好范围。偏好范围以 0～1 的等级表示。例如，某种鱼类主要依靠河流 8—11 月期间的洪水产生的高流量脉冲作为刺激性信号来驱动其繁殖发育活动。因此，该时段发生的洪水流量将得到 1 分的优先级得分（即理想的），而一年中其他时间段的洪水流量优先级程度并不高（得分低于 1）。如果一年中其他时间的洪水对生态系统产生破坏作用（例如冲走鱼苗），则该时期发生的洪水流量优先级等级得分为 0 分。

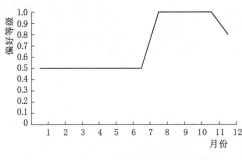

图 4-3　MFAT 偏好曲线示例

偏好曲线法主要应用在 MFAT 中，以漫滩植被偏好曲线为例，设定漫滩成熟植被生态栖息地条件（adult floodplain vegetation habitat condition，AHC）取决于洪水产生时间（flood timing，FT）这一驱动指标。根据成熟植被生长情况与漫滩区域洪水产生时间做对比，分析不同洪水产生时间条件下植被的生长情况，由此得到成熟植被对不同洪水产生时间的偏好程度。MFAT 偏好曲线示例如图 4-3 所示。在图 4-3 中，理想的洪水产生时间（得分 1）是从 8—11 月，其他时期的得分主要为中间值 0.5，这表明洪水产生时间对于漫滩成熟植被的影响不会达到灾难性的程度（得分为 0）。

图 4-3 体现了漫滩植被对于某一特定指标（洪水发生时间）的偏好曲线，而漫滩植被的总体生境条件偏好情况是通过汇总各子指标的偏好曲线得到的。

例如，对指标洪泛区植被生境条件（floodplain vegetation habitat condition，FVHC）的影响是通过对子指标 1——成熟植被生境条件（adult habitat condition，AHC）和子指标 2——自然种群生长生境条件（recruitment habitat condition，RHC）的个体偏好曲线进行聚合确定的；AHC 的驱动指标包括洪水时间（flood timing，FT）、洪水持续时长（flood duration，FD）、年枯水期（drying period，DP）和洪泛重现期（flood memory，

FM），有

$$AHC=\sqrt[4]{FT\times FD\times DP\times FM}\tag{4-1}$$

AHC 与 RHC 结合通过设定权重相加得到洪泛区植被生境条件，即

$$FVHC=x_1AHC+x_2RHC\tag{4-2}$$

式中　x_1 和 x_2——各指标的权重。

以 FVHC 为例，将偏好曲线聚合得到 MFAT 的总体生境条件指数如图 4-4 所示。

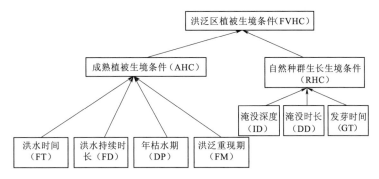

图 4-4　以 FVHC 为例聚合得到的 MFAT 总体生境条件指数

权重决定了不同偏好曲线对总体指标的贡献。MFAT 提供了在几个综合子指标求总体指标阶段使用权重的方式：

（1）设定各项子指标权重相同，如上文中通过 FT、FD、DP 和 FM 得出 AHC，即

$$AHC=\sqrt[4]{FT\times FD\times DP\times FM}\tag{4-3}$$

（2）设定各项子指标的权重，如案例中使用 AHC 和 RHC 求得 $FVHC$，即

$$FVHC=x_1AHC+x_2RHC\tag{4-4}$$

（3）对不同类型植被在特定区域的重要性进行排序，选取最重要植被对应的偏好指数代表区域内整体指标偏好情况。

4.2.3.2　等级曲线法

RAP 中的生态响应模块（ecological response module，ERM）使用等级曲线（图 4-5）来描述流量指标的生态响应。等级曲线（rating curve，RC）在 RAP 法中通用，可用于表达栖息地的使用面积、可用性或偏好程度随不同水文水力指标的变化情况。

等级曲线能够用于表达子指标与包括流量和其他生物物理指标在内的驱动指标之间的关系。RAP 法可以定义非流量驱动指标以及关联指标，也可以将一项指标与多项驱动指标共同构成复合型等级曲线。

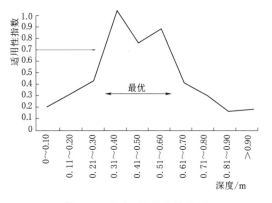

图 4-5　RAP 等级曲线示例

4.2.3.3　IFIM 加权可用面积法

河道内流量增量法（IFIM）中涉及的物理栖息地模型（PHABSIM）可用于计算某类物种在不同生命阶段可使用的适宜生境面积，通常以加权可用面积表示。例如，测量特定流量下河道的流速、深度和湿周等水力指标，确定河道研究断面在不同流量下的适宜性指数。根据适宜性指数加权求得适宜性面积，最终得出不同流量下河道的加权栖息地面积，IFIM 适宜性指数及建立加权可用面积曲线如图 4-6 所示。流量变化会造成河道断面流速、水深及覆盖面发生变化，从而对物种生境产生影响。因此采用物理栖息地模型模拟河道不同流速、深度及覆盖面下的生物适用性指数，综合可得不同流量下的物种生境加权可利用面积。

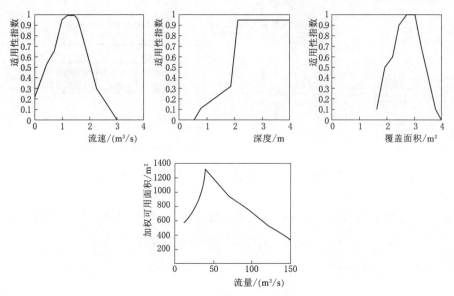

图 4-6　IFIM 适宜性指数及建立加权可用面积曲线

4.2.3.4　响应曲线法

响应曲线用于表达流量变化对指标丰富度、生物量、浓度、面积或多样性变化的直接影响。如洪水时间的变化导致在一年中的特定时间依赖洪水刺激发育的鱼类物种数量发生变化。

DRIFT 法主要通过建立响应曲线来描述各生物物理指标与各流量指标之间的关系。指标对应的变化程度使用严重性级别表示。严重性等级从 0～5，表示了研究对象相对于当前状态指标的丰富度、面积、浓度的相对百分比变化情况（表 4-4）。各项指标变化情况以河流当前状况为基准，定义河流当前状况的严重性级别为 0。流量指标的变化以绝对值表示。

表 4-4　　　　　　　　　严重性评级案例表（King 等，2003）

严重性等级	变化的严重程度	等效损失（剩余丰富度）	等 效 增 长
0	无	没有变化	没有变化
1	可以忽略不计	80%～100%剩余	1%～25%增长
2	低	60%～79%剩余	26%～67%增长

续表

严重性等级	变化的严重程度	等效损失（剩余丰富度）	等 效 增 长
3	温和的	40%～59%剩余	68%～250%增长
4	严重的	20%～39%剩余	251%～500%增长
5	极其严重的	0～19%剩余，包括当地灭绝	501%～∞增长，达到有害生物的比例

应用DRIFT法评估生态流量得到的各项指标的响应曲线图如图4-7所示。在某一地点的特定流量情况下，通过加权求和将各个响应曲线（即指标对每个流量指标的响应）的输出整合在一起，可以获得流量对综合指标的影响。每个严重性评级响应曲线都有一个相关的完整性评级响应曲线。响应曲线不表示丰富度的变化，而是表示特定指标的"完整性"或条件的变化。从严重性到完整性的转换是通过确定丰富度的变化趋近或远离生态系统的自然条件来评判的。如果某项生物指标增加代表该状态远离天然状况，则严重性等级将通过乘以－1（即通过更改正负符号）调整指标的严重性等级。如果丰富度的增加代表向自然的方向发展，那么完整性等级与严重性等级保持一致。完整性得分用于整合不同站点指标对流量变化的响应情况，以显示河流变化对生态系统条件的总体影响。

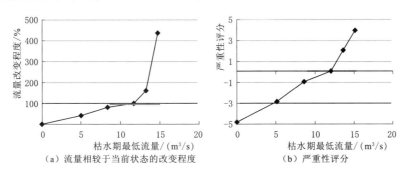

（a）流量相较于当前状态的改变程度　　（b）严重性评分

图4-7　各项指标的响应曲线图

4.2.3.5　WFET法

流域流量评价工具（watershed flow evaluation tool，WFET）应用研究对象与流量驱动指标之间的关系构建了生态响应曲线，如图4-8所示（Camp Dresser 和 McKee Inc 等，2009）。图中 X 轴代表流量驱动指标，单位为立方尺每秒（cubic feet per second，cfs），图4-8（a）显示了某研究对象（亚口鱼）采集的生物量（Y 轴）与对应时段流量数据（X 轴）的关系。实线代表应用实测样点做线性回归后的拟合线段，虚线代表95%置信区间，指的是某个总体样本的真实值有95%的概率会落在测量结果的区间内（也就是两条虚线之间的空间内）。图4-8（b）采用对数拟合法建立了流量驱动指标与生物量数据之间的响应关系。通过对 Y 轴生物量大小分类可划分相应的生态风险类别（ecological risk categories），以预测与新流量场景相关的生态风险水平。虚线是根据实测样本得到的响应曲线以图4-8案例为例，流量驱动指标为年内低流量，生物指标为分布于世界三大洋的热带和亚热带海域的亚口鱼，该研究根据亚口鱼最大生物量百分比划分了四类生态风险类别，包括生物量变化量小于10%对应的低生态风险、生物量变化量为10%～25%对应的最小生态风险、生物量变化量为26%～50%对应的中度生态风险、生物量变化量不小于 51％对应的高生态风险。WFET 法不涉及单个响应曲线的整合和加权。虽然科罗拉多州应用 WFET 法评估了几种鱼类生物量的变化情况，但尚未确定流量变化对鱼类整体丰富度的影响。

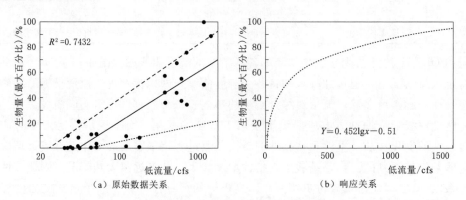

（a）原始数据关系　　　　　　　　　（b）响应关系

图 4-8　WFET 生态响应曲线图

4.2.3.6　PIMCEFA 法

多准则压力影响曲线环境流量分析（pressure - impact multi - criteria environmental flow analysis，PIMCEFA）法通过绘制压力影响曲线（pressure impact curves，PIC）用于表达研究对象与流量变化的响应关系，压力影响曲线绘制界面如图 4-9 所示（Barton 等，2010）。图 4-9 显示了研究对象适宜栖息地对应的最优水位曲线，该曲线表示每个指标定义跨季节可能出现的最高和最低水位情况。最高与最低水位被定义为压力影响曲线 PIC 的"临界点"。例如，对于在美国夏季繁殖的某种鸟类来说，鸟类丰富度占比范围为 0～1，对应生态风险影响从"物种完全丧失"状态到"无影响"状态。图 4-8 所示案例中，水位是唯一被考虑的流量指标，在后续研究中也可根据具体情况选择其他指标表征流量变化情况。

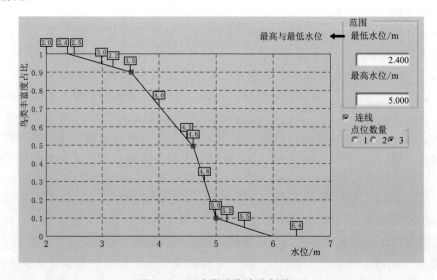

图 4-9　压力影响曲线绘制界面

4.2.3.7　MDSS 法

MDSS 是一款通用的决策支持系统，该系统定义了驱动力、压力、状态、影响、响应框架（driving force，pressure，state，impact，response，DPSIR）中的所有信息，应用 MDSS 建立 DPSIR 链接并输入了备选项的值，MDSS 决策支持系统会将各分项数据传递给分析矩阵。分析矩阵可得出驱动指标变化情况下目标对象所受到的驱动力、压力、当前状态及影响。

MDSS4 的 DPSIR 窗口分项关系如图 4 - 10 所示，各分项解释如下：

驱动力——对环境造成压力的根本原因和根源。

压力——直接导致环境问题的变量。

状态——环境的当前状态。

影响——状态变化的最终影响、造成的损害（或取得的利益）。

响应——决策选项，致力解决由特定影响引起的问题。

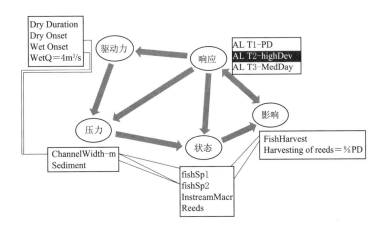

图 4 - 10　MDSS4 的 DPSIR 窗口分项关系

4.2.3.8　HFSR 法

栖息地—流量—压力—响应（habitat - flow - stressor - response，HFSR）法定义与流量相关的"压力指数"。压力指数表见表 4 - 5。从 0（无压力）到 10（最高压力）的压力指数中包括了有关流量和水力参数之间的关系以及河流生物群落的响应状况。在任何情况下，压力指数值都通过水文时间序列转换为"压力状态"，并被视为应力持续时间曲线（在概念上类似于流量持续时间曲线）。评估方法的主要原理是应用 HFSR 法将流量变化下水力及生境指标相对于自然状态的变化程度转化为相应的压力指数，而后用该压力指数评估流量变化对河流生物群落影响。

HFSR 模型目前只定义了低流量时期的压力指数值，但在创建压力持续时间曲线时使用所有流量状态。为了得到不同场景之间总体比较的依据，该方法将每个指标的压力曲线组合起来，确定一个"临界曲线"。HFSR 法中形成的临界曲线如图 4 - 11 所示。这种复合流压力关系是选择了研究区域中对流量较为敏感的物种，按照各物种在不同压力指数下的相对丰富度为横坐标，压力指数为纵坐标的压力关系曲线，将各曲线汇总在一起形成复合流压力关系曲线。

表 4－5　　　　　　　　　　压 力 指 数 表

压　　力		压力指数	目标生物的生物响应（取决于研究断面）		
流量指标（流速、水深、湿周）	自然生境（数量及质量）		丰富度	水生生物状态	持久性
流速：极快 水深：极深 湿周：最长	生境数量非常多、质量非常高	0	非常丰富	全部健康	是
流速：快 水深：深 湿周：较长	生境数量多、质量高	1	丰富	全部健康	是
流速：快 水深：深 湿周：微度降低	关键栖息地充足、质量略有下降	2	对流量敏感性物种有轻微抑制作用	某些区域内全部健康	是
流速：温和 水深：较深 湿周：轻度降低	关键栖息地减少、质量下降	3	流量敏感性物种下降	有限的区域内全部健康	是
流速：温和 水深：较深 湿周：中度降低	关键栖息地有限、中等质量	4	流量敏感性物种进一步下降	有限区域内均可存活某些流量敏感性物种	是
流速：缓慢 水深：较浅 湿周：中度降低	关键栖息地大大减少、中/低质量	5	流量敏感性物种种群受限	流量敏感性物种处于危险或不可存活的关键生命阶段	是
流速：缓慢 水深：较浅 湿周：中度降低	残留部分关键栖息地、低质量	6	部分流量敏感性物种成为罕见物种	流量敏感性物种几乎无法存活，一些对流量不太敏感的物种也处于危险之中	在短期内
流速：慢 水深：较浅 湿周：较短	无关键栖息地、其他生境质量中等	7	大量流量敏感性物种成为罕见物种	流量敏感性物种不可存活	流量敏感性生物消失
流速：缓慢 水深：浅 湿周：极短	残留流动水体生境、质量低	8	仅残留部分流量敏感性物种	大部分水生生物无法存活	部分水生生物消失
无流动水	只适用于静水生境、生境质量很低	9	仅有水池生物	大部分水生生物无法存活	大量水生生物消失
无地表水	仅为潜流带栖息地	10	仅特殊生物持续存在	几乎没有水生生物	仅特殊生物持续存在

4.2.4　响应曲线

响应曲线是 DRIFT 决策支持系统的核心内容。生物物理指标响应曲线由相关学科专家根据现场监测、国家数据库、公开发表的文献数据、当地居民经验等多方渠道获得相关数据绘制而成。每个响应曲线描述了驱动指标与响应指标之间的关系。各项指标的驱动及响应属性可以相互转换，如河岸面积的变化影响了大型无脊椎动物的丰富度，而大型无脊椎动物的丰富度能影响某种鱼类群落的丰富度。

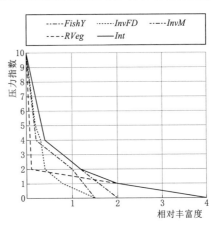

图 4-11　HFSR 方法中形成的临界曲线

在可预见的范围内预测河流变化对生态系统的影响需要基于大量基础数据，且预测生态系统变化的性质与方向相对容易，量化影响情况则相对困难。为精准表达生态系统的变化程度，DRIFT 响应曲线将预测信息转化为百分比形式的变化评级，每个响应曲线描述一个驱动指标对大量单个响应指标的预期影响，指标的等级为 0（无响应）到 5（非常高），负号表明丰富度的减少，正号表明丰富度的增加。响应曲线示例如图 4-12 所示，图中曲线表示了不同的枯水期发生时间所对应的 A 类鱼的相对丰富度，如果枯水期在一年内出现在第 30 周不会影响鱼类群落 A 的丰富度，但如果枯水期早些时候开始（如第 20 周）可能导致鱼类群落 A 的丰富度降低（对应严重程度为-1），如果枯水期出现时间推迟可能使鱼类群落 A 的丰富度增加。

确定了指标评级后，以鱼类 A 为例，可将-5～5 的评价等级转换为鱼类相对丰富度百分比变化情况，鱼类丰富度评级与相对丰富度百分比关系如图 4-13 所示，当丰富度评级为 0 时鱼类相对丰富度为 100%，丰富度评级的下降表示相对应的丰富度下降（-1 级表示丰富度下降 0～20%；-5 级表示丰富度下降 100%），而丰富度评级分数的增加被非线性地转化为鱼类相对丰富度百分比的增加。

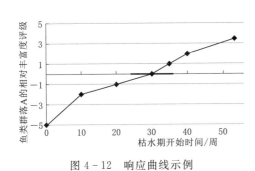

图 4-12　响应曲线示例

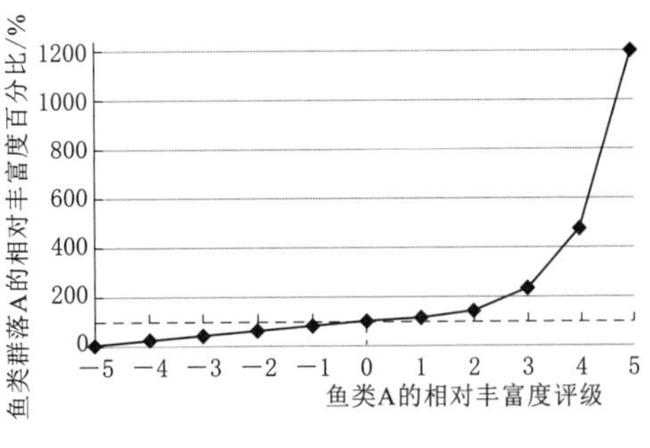

图 4-13　鱼类丰富度评级与相对丰富度百分比关系

完成各项指标的响应曲线后，需要通过绘制链接图总结各项指标之间的关联性，指标关系链接图如图 4-14 所示，各学科专家选择相应学科指标并绘制链接图，当所有指标的链接图结合在一起可形成一个更复杂的网络图，DRIFT 法将为网络图中的每条连接线配置相应的响应曲线。

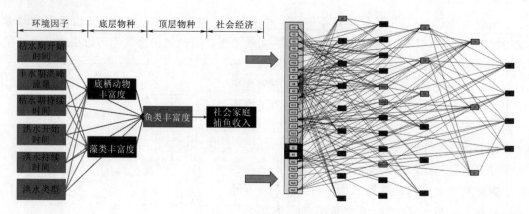

图 4-14　指标关系链接图

响应曲线提供了各年的流量指标响应情况，以图 4-12 鱼类群落 A 为例，当水文记录达到 40 年，则会有 40 个枯水期开始时间（图 4-12 中 X 轴），40 个结果依次连接到图 4-12 所示的响应曲线，为鱼类群落 A 提供了一个由 40 个值组成的序列值。

4.2.5　时间序列

在获得各项指标的响应曲线后，DRIFT 法采用时间序列文件将一个指标对各种与其相互联系的指标的变化作出的反应汇总起来，以便获得每一季和每一年的总的指标响应。时间序列如图 4-15 所示，整个流量季节包括了枯水期、洪水期与丰水期，其中影响鱼类 A 的流量指标 Do、Dq、Dd、Fo、Ft 及 Fd 含义分别是枯水期开始时间、枯水期最小五日流量、枯水期持续时间、洪水开始时间、洪水类型与持续时间。

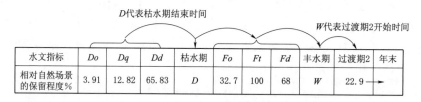

D代表枯水期结束时间　　　　　　　　W代表过渡期2开始时间

水文指标	Do	Dq	Dd	枯水期	Fo	Ft	Fd	丰水期	过渡期2	年末
相对自然场景的保留程度%	3.91	12.82	65.83	D	32.7	100	68	W	22.9	→

图 4-15　时间序列图

每个季节内的指标总增加或总减少（百分比）的计算公式为

$$P_X = \sum_{i=1}^{n} p_i \tag{4-5}$$

式中　P_X——第 X 季（也可用 P'_X 表示，其中 t 代表特定年份）的总增加或总减少百分比；

　　　p_i——因输入 i 而增加或减少的百分比；

有 n 个输入影响第 X 季。

这是与季节（X）相关的每个输入（1 到 n）所导致的增减百分比的总和。对于枯水期（第 1 季）的鱼种 A 来说，有

$$P_1^t = p_1 + p_2 \tag{4-6}$$

式中 p_1——枯水期开始时间的响应；

p_2——枯水期持续时间的响应。

在不应用任何修正值的情况下，剩余的计算如下：第 t 年第一个季节 S_1（通常是枯水期）结束时的当前丰度的百分比为

$$S_1^t = 100 + P_1^t \qquad (4-7)$$

式中 P_1^t——枯水期的百分比变化。

t 年每个后续季节结束时的丰度百分比（如果不使用修正值）为

$$S_X^t = S_1^t + P_X^t \qquad (4-8)$$

式中 P_X^t——第 X 季的百分比变化。

专家学者通过自身经验结合实际调研情况判断某一项指标是否存在时间累计影响情况。例如，一种鱼类可能依赖于前一年的繁殖量，而温度往往与前一年的值无关。专家使用百分比（前一年指标对后一年的影响情况）表示依赖程度。

（1）如果专家表示响应不依赖于上一年度末的丰度（并且未使用其他修正值），则使用式（4-3）和式（4-4）。

（2）如果存在对前一年的依赖性，依赖度百分比用 Y 表示，则以季度为时间尺度单位计算当前季度指标受上一季度指标大小的影响情况。对于第 1 季度，有

$$S_1^t = \left(S_4^{t-1} \times \frac{Y}{100}\right) + \left[\widehat{100} \times \left(\frac{100-Y}{100}\right)\right] + P_1^t \qquad (4-9)$$

式中 S_1^t——季节结果，占第 t 年第 1 季当前的百分比（以鱼类丰度为例，S_1^t 代表第 t 年第 1 季度的鱼类丰度），如果没有依赖关系，$\widehat{100}$ 是年初 100% 的起点；

P_1^t——第 1 季（t 年）式（4-2）的结果。

对于当年的后续季节，式（4-5）适用。

4.3 社会变化预测

4.3.1 社会经济指标分析

DRIFT-DSS 对社会经济指标的分析主要关注直接使用河流资源的周边居民，河流为周边居民提供的资源会随着流量的变化而变化，从而影响收入、健康和福利。这种与河流联系的社会经济指标可以涵盖以下领域：①家庭收入：沿岸农产品、旅游经济等；②粮食保障：沿岸农产品；③与河流相关的娱乐、文化、精神和宗教（例如洗礼）所带来的社会福利；④保护价值，包括来自稀有或标志性物种以及国际或国家保护区存在的价值；⑤人畜健康。

每个社会经济指标都与前期研究中涉及的水文、物理、化学和生物等指标相关联。社会指标将随着关联指标的改变发生一系列响应性变化。

社会经济指标分析中通常会设置一项综合指标（composite indicators，C），该指标包含若干驱动指标。例如，"渔业的家庭收入""灌溉农业的家庭收入"和"畜牧业的家庭收入"都可能构成一个称为"家庭收入"的综合指标。根据每个因素对家庭总收入的贡献不

同为各项驱动指标设置权重，对各种收入来源的贡献进行加权。C_X（第 X 季的综合指标值）是每个贡献指标的季节性值的加权和，即

$$C_X = \sum_{i=1}^{n} c^i S_X^i \qquad (4-10)$$

式中　C_X——综合指标 C 在 X 季的总值；

　　　S_X^i——贡献指标 i 在第 X 季的贡献；

　　　c_i——贡献指标 i 的权重；

　　　n——贡献指标的数量。

综合指标 C 的计算方式与单个指标 S 的计算方式相同。

指标对特定季节的总体响应（P）是对与该季节相关的每个相关指标 i 的响应（p）的集合。

4.3.2　社会响应分析

河流资源变化对下游沿岸人类的影响取决于四个主要因素：①流量的改变程度；②人类开发利用的河流资源与流量变化的相关程度；③人类对河流资源的开发利用程度；④人类对河流资源的依赖程度。

此外，河流流量变化对人和牲畜的健康影响主要取决于两个因素：①人类或牲畜对河流的利用程度；②与河流相关的健康问题受河流流量变化影响的程度。

河流提供的相关资源的改变以及河流流量变化对人类及牲畜健康状况的影响通常很难界定，这是由于河流提供的相关资源的改变可能导致人类行为模式的改变。例如，河流中某种鱼类的减少可能只会导致人类用不同的方法捕捞另一种鱼类，对当地人类生存及传统渔业的发展几乎没有影响。同时，人类与牲畜的健康同样受到多种因素的影响（如外来病毒入侵、气象变化等），多种非流量相关因素涉及范围广泛，因此界定河流流量变化对当地人类及牲畜健康的影响仍是具有挑战性的工作。此外，一个家庭生计环境的改变可能会对其他家庭产生连锁反应（Turton，2001），使得与流量相关的影响难以理解和预测。因此，在应用 DRIFT 法评估生态流量工作中，社会影响评估的主要工作是了解河流与周边人类及牲畜之间的联系，并以此来预测其受到流量变化的影响程度。

4.3.2.1　社会学模块研究涉及学科

研究区域环境及社会发展要求决定了生态流量评估社会学部分涉及的学科，通常，社会学研究部分需要以下学科专家的投入：人类学、社会学、公共卫生医学、兽医学和资源经济学。

社会学专家团队成员需要与生物物理团队成员进行交流讨论，生物物理学科团队成员在前期工作中分析了河流在当地生态系统中发挥的主要功能，预测生态系统各类生物及物理指标对河流流量变化的响应情况。生物物理学团队专家主要来自以下领域：水文学、水力学、地形学、沉积学、水质、河岸和水生植物学、水生无脊椎动物学、鱼类学以及其他领域。

根据研究区域的特殊情况，其他领域涉及学科可包括微生物学，如当地某种疾病病原体为寄生虫，或是水鸟、半水生哺乳动物、青蛙和爬行动物等成为了某项疾病传播的载体，则该类生物领域的专家也应该被纳入到研究团队当中。

研究初期，社会学专家团队根据实地调研及经验向生物物理学专家团队提供参考意见，用于确定目标物种及河岸人类社会主要特征，综合多方意见选择相应的流量响应指标并进行采样及监测。在生物物理专家团队完成流量指标数据分析并创建了河流流量变化场景后，社会学专家团队可根据选定的社会学指标变化情况评估每个流量场景对当地人类社会的影响。

4.3.2.2 组织社会学研究

无论是评估流量变化对当地人类社会已有的影响还是预测潜在影响，应用 DRIFT 法评估生态流量社会学部分的方法都是相似的。

DRIFT 法社会学研究工作图如图 4-16 所示。生物物理学与社会学专家团队需要合作完成如下工作：①数据收集和指标设计选取；②讨论研究区域范围内人类使用的各种资源和承受的健康风险，确定河流资源及健康风险与流量的联系；③描述影响河流资源的因素，河流资源如何随着流量变化以及流量变化对人类的影响；④重复模拟决策者需要的各种流量场景 3 次以上。

当社会学研究工作主要是预测当地流量变化对人类社会带来的潜在影响时，可遵循以下工作顺序：

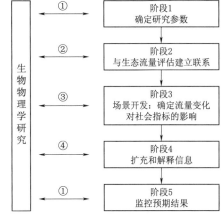

图 4-16 DRIFT 法社会学研究工作图

（1）确定和量化流量变化影响的人类（population at risk，PAR）范围，主要工作包括：

1）统计研究区域内使用河流资源的人数和分布情况。

2）调查 PAR 的健康状况。

3）调查研究范围内牲畜的健康状况。

（2）确认 PAR 对河流资源的使用情况，主要工作包括量化受流量变化影响的人类对河流资源的使用情况。

（3）识别和量化 PAR 与水生生态系统的相互作用，主要工作包括：

1）评估 PAR 对河流资源的利用程度。

2）评估 PAR 对河流资源的依赖程度。

3）评估 PAR 与水生生态系统的接触程度，以及系统状况发生变化时对 PAR 或其牲畜健康可能产生的影响。

4）分析水生生态系统资源的潜在可替代来源。

（4）确定研究区域社会发展与流量的联系，主要工作包括：

1）分析被利用的河流资源与上游流动之间的联系。

2）分析可能影响社区健康的因素（如疾病媒介、营养、水质）与流量之间的联系。

（5）开发流量场景，主要工作包括：

1）评估与流量相关的资源和健康因素随流量变化的响应情况。

2）评估流量变化对资源可用性的影响和健康风险。

3）评估生物物理团队描述的流量场景对 PAR 的影响。

流量场景为决策过程提供了分析基础，专家学者最终根据多方意见选择并实施其中一个流量场景。之后，社会学专家团队应进行后期项目工作。

（6）监测开发后的影响，主要工作包括：

1）评估河流资源可用性的变化。

2）评估研究区域人类及牲畜健康状况的变化。

3）评估当地人类生活方式和传统发展行业的改变情况。

4）查找可利用的潜在水生态系统资源来源。

当社会学研究工作主要是评估已存在的当地流量变化对人类社会带来的影响时，研究工作可以仅实施上述工作的第（6）部分。

4.3.2.3　社会学研究各阶段主要工作

1．阶段 1 研究

社会学模块第 1 阶段研究需要确定研究参数，包括研究区域受影响人群划分以及确认河流资源使用情况。该阶段收集的数据必须与生态流量评估工作的总体目标相关，并且保证各项数据性质能够被生物物理学专家解释。因此，社会学和生物物理学专家团队需要共同讨论并确定该阶段需要收集的数据类型。事实上，社会学和生物物理学专家团队的合作讨论是 DRIFT 法中的核心部分，双方合作将持续在整个生态流量评估及研究工作中。

因为第 1 阶段分析结果可以在现场调研、采样及监测过程中为生物物理学专家选取流量指标及监测目标提供意见与参考，以保证研究能够将所有受流量变化影响的社会居民包括在内。所以社会学模块研究的第 1 阶段对于生态流量评估工作中的生物物理学模块研究具有重要作用。这一阶段需要充分发挥和采纳当地土著居民的生活经验。所有参与研究的专家团队都需要记录和理解该阶段确定的各类研究目标及流量指标，专家学者应当有效记录与保存社会学调查结果，特别是在部分发布公共数据较少的发展中国家，社会学调查结果及数据将是未来社会学研究的一份宝贵的资料（Brown 和 King，2002）。例如，当地的草药医生通常能够协助植物学专家鉴定常用植物的生命周期（Brown 和 King，2000）。

社会学模块第 1 阶段研究在很大程度上是一个开放式的、人类学的和参与性的工作，该阶段研究目的是有效划分研究区域与涉及人口、分析该区域社会发展与水生生态系统的相互作用以及河流水资源当前的开发利用情况。该阶段工作将有助于调查问卷的开发、关键利益群体的确定和第 2 阶段具体社区及农村的选择。第 1 阶段工作还应包括评估受流量变化影响的人类及牲畜的健康状况。

（1）识别和量化处于受流量变化影响的人类。对受流量变化影响的人类范围的定义通常构成初始社会评估的一部分，并且应与生物物理团队定义的研究区域一致。该研究区域内的资源使用可能取决于以下因素：

1）河流资源所有权。

2）当地传统、习俗和区域类明文规定。

3）研究范围人类的贫困水平。

4）研究区域的地形地貌。

5）研究区域内的基础设施，如道路、桥梁、水利工程。

6）研究区域内可获取的替代资源。

在正确识别和描述受流量变化影响的人类范围之前，需要确定以上因素以及可能存在的其他因素对河流资源使用的影响。此后，人口普查数据可用于确定研究范围内的人口统计数据。

（2）识别受流量变化影响的人类所使用的流量相关资源。在该部分研究中，已有研究涉及调研的问题包括（Taylor 等，1990）：

1）研究区域内主要养殖的动物及主要种植的植物。

2）研究区域内哪些生物主要分布在研究河流/湿地/河口/河漫滩周边。

3）受流量变化影响的人类是否使用来自河流/湿地/河口/漫滩的其他资源，例如打捞河沙用于建筑活动、将当地河流作为饮用水水源。

4）研究区是否实行洪泛区农业或洪涝消退农业。

除以上问题外，研究区域内涉及的休闲和文化问题也很重要。例如：

1）当地河流/湿地/河口/漫滩是否用作举办文化活动。

2）当地举办文化活动的时间及地点。

3）研究区域内河流是否用于娱乐活动。

4）当地居民对于河流/湿地/河口/河漫滩生态环境的整体影响。

在这个阶段主要工作为现场走访调研。大多数研究人员采用全民参与式的数据收集方法，之后对收集得到的调查问卷进行数据整理及分析（Fisheries 等，2000）。

（3）确定受流量变化影响的人类健康状况。调查研究区域内人类的健康问题可以参考现有的社区公共卫生文件、先前研究的结果和相关国际文献。主要关注的问题包括：

1）该地区主要的公共卫生问题。

2）该地区不同年龄阶段人类的营养状况。

3）哪些公共卫生安全问题与河流/湿地/河口/洪泛区直接或间接相关。

（4）确定研究区域内牲畜的健康状况。与公共卫生部分一样，调查研究区域牲畜的健康问题应从审查现有文件开始，如当地和区域兽医记录、先前研究的结果和相关国际文献。主要关注的问题包括：

1）该地区主要的牲畜健康问题。

2）河流/湿地/河口/洪泛区在多大程度上用于放牧或给牲畜饮水。

2. 阶段 2 研究

社会学模块研究的第 2 阶段主要工作是与生态流量评估建立联系，量化社会发展与水生生态系统的相互作用，具体工作包括两部分。

（1）数据收集。

1）评估及筛选现场调研收集的信息，并根据收集整理的数据量化河流资源的使用情况。

2）收集与当地公共卫生安全相关的原始数据并调查当地微生物和寄生虫生长繁殖情况。

（2）生物物理学和社会学团队之间的讨论合作。

1）社会学团队向生物物理学团队专家提供社会学研究中提出的所有与流动相关的

问题。

2）确保生物物理学模块和社会学模块数据集相互对应，例如确保两模块专家提出的植物指标的分类与名称一致。

3）确保社会团队理解并能够处理来自生物物理团队的关于河流变化的信息。

量化研究区域社会发展与水生生态系统的相互作用通常需要实地调查（Beilfuss 等，2002；Metsi Consultants，2000；Fisheries 等，2000）。实地调研需要了解的问题和利益群体因地区而异，但调研原则始终相似。应用 DRIFT 法进行生态流量评估研究所需的信息类别通常如下所示。

（1）河流资源利用率。针对在第一阶段中确定的每一种河流资源，应该确定以下问题：

1）该类河流资源的使用用途。

2）该类河流资源开发利用的时间及地点。

3）该类河流资源目前的开发利用程度。

4）该类河流资源的利益方。

5）是否有可用的替代资源。

6）是否存在与每种资源相关的临界水位？就资源的使用或维护而言，哪些季节很重要。

7）河流资源是否随着时间和当地人类生活方式的改变而改变。

8）研究区域居民对该类河流资源的依赖程度。

9）研究区域居民对资源的需求是否得到满足。

10）当地是否有明文规定或习俗用于管理该类河流资源的使用。

（2）河流的利用情况：

1）当地居民是否从河流/湿地/河口/河漫滩收集饮用水？饮用水收集的时间与地点。

2）当地居民是否在河流/湿地/河口/漫滩给动物饮水？涉及的时间及地点。

3）当地居民是否使用河流/湿地/河口/河漫滩水清洗衣物或果蔬？涉及的时间及地点。

4）研究区域河流是否用于农田灌溉。

（3）农业：

1）研究区域农田是否有被洪水淹没的风险，淹没的频率是多少？

2）研究区域内农田分布的位置。

3）研究区域内农作物种植及收获时间。

（4）文化娱乐活动：

1）研究区域河流是否用于举行文化活动，活动的具体内容、开展活动的时间及方式。

2）河流是否用于娱乐活动，娱乐活动开展时间及方式。

3）河流/湿地/河口/河漫滩是否给当地居民带来任何问题或危险，如洪水泛滥、淹没道路，或危险生物（鳄鱼等）带来的安全隐患。

4）当地居民对研究区域河流生态环境的总体评价。

（5）居民收入：

1）当地河流是否在地方、区域或国家层面提供收入来源（收入来源可包括出售原生态的河流资源，如鹅卵石、鱼、木材或草药，或出售"改良"的河流资源，如用河沙制成的砖或用河芦苇制成的篮子）。

2）当地居民所使用的河/湿地/河口/漫滩资源折合的货币价值。

3）当地河流是否提供通过其他活动产生的收入，例如旅游（如周末度假、漂流、徒步旅行）或交通（如船只、渡轮）。

4）当地河流是否拥有潜在的可开发的价值。

（6）公共卫生问题：

1）人类饮用的河流/湿地/河口/漫滩水质情况。

2）河流/湿地/河口/漫滩水用于饮用或做饭的频率。

3）不同类型河流的使用频率，直接使用还是间接使用？

4）当地居民在过去两个月内曾患过哪些疾病。

第2阶段还应包括一些与健康相关的原始数据收集，这些数据收集的是当地居民所患某项疾病的发病率和发病时间。这些调查结果可用于确定可能因流量变化而产生的新的健康威胁。

（7）动物（牲畜）健康问题：

1）放牧区域河流水质情况。

2）该地区主要的牲畜疾病是什么，该类疾病是否与河流有关。

3）分析流量发生变化时牲畜健康状况是否发生变化。

4）不同类型的河流使用频率。

5）河流是否在限制动物活动范围方面发挥作用（例如通过防止动物穿越到另一个村庄的田地），具体作用是什么。

（8）连锁反应。社会学模块研究团队需要警惕流量变化可能带来的连锁反应。例如：

1）流量减少后动物更容易渡河到邻近的村庄，导致需要更多的牧童来控制牛群，最终影响了牧童的上学时间。

2）河流流量的变化导致鱼类数量减少，部分渔民离开村庄寻找工作导致当地村庄及社会结构的改变。

3）频繁发生的洪水冲走了河岸植物，导致沿河种植的野菜减少，社区食用蔬菜随之减少，居民缺少蔬菜补充微量元素，最终使得当地人患病和营养不良的情况增加。

3. 阶段3研究

社会学模块第3阶段研究主要工作包括确定流量变化对社会学指标的影响，以预测流量变化将如何影响当地的社会发展，该阶段是一项多学科的工作，承接了社会学模块第1阶段的研究内容，河流的变化情况主要由生物物理学团队专家提供，社会学专家可在一系列流量场景中描述每种社会资源随流量变化的响应情况，具体如下：

1）河流资源变化的方向（丰度的增加或减少）。

2）河流资源变化的程度。

3）对比河流当前状态，对流量变化后社会发展情况进行预测。

生物物理模块为社会及经济发展预测提供了流量场景。研究团队可根据专家意见和在第 1、2 阶段收集的数据完成预测工作。对于每个流量场景、研究区域及河流资源，相关的影响可分为无影响、低影响、中等影响和严重影响（Brown 和 King，1999）：

1）预测河流资源的变化程度。

2）评估河流资源对当地居民的重要性。

3）统计开发利用河流资源的家庭数量。

4）当地居民对河流资源的使用频率。

5）替代资源的可用性。

社会影响可以用一系列宽泛的类别来定义，例如：无影响——预计河流资源不会发生明显变化；低影响——河流资源受影响程度较低，其数量的变化预计不到 20％；中度影响——河流资源遭受一定影响，数量预计将变化 20％～50％；严重影响——该类河流资源对当地居民的生计至关重要，大于 20％的家庭使用该类河流资源，并且预测的资源变化程度大于 50％。

此外，公共卫生和动物专家应评估每种情况对当地居民及牲畜健康状况的影响，包括：

1）是否产生新的疾病。

2）是否导致现有疾病或疾病的增加。

3）是否会因为河流植物或动物的损失而导致营养状况发生变化。

居民及牲畜健康影响评估可以基于：

1）与河流相关的公共卫生安全问题。

2）对居民健康状况的影响。

3）河流周边居民对河流的使用范围。

4）预测可能影响人们健康的河流变化形式。

4. 阶段 4 研究

社会学模块第 4 阶段主要工作包括归纳整理所有研究数据及结论，确保研究成果准确无误传递给决策者。需要用清晰、通俗的语言有效地传达生态流量评估的结果。

社会学模块研究案例见表 4-6，该示例为莱索托高地生态流量评估项目（Brown 等，2000），该项目建立了河流生物物理变化与居民健康问题之间的联系。表 4-6 中"生态联系"一栏列出了生态系统中一些可能随流量变化而变化的指标并解释了这些变化对人和牲畜的影响。权重表明了不同研究对象对应的健康问题的重要性。

表 4-6　　　　　　　社会学模块研究案例（Brown 和 King，1999）

生态联系	权重	发病时间/年
胶体颗粒：胶体物质的增加导致部分致病微生物在河中停留的时间更长，增加了人类感染的概率	高	2～10
溶解性固体颗粒：当传染病病原体吸附到颗粒物上时，饮用溶解性固体颗粒含量高的浑浊水会对健康产生直接影响	高	2～10
藻华：夏季高水流冲刷河里的藻类，但冬季的水流较低，使得藻类可以在静水区域生长，造成藻类大量繁殖，恶化水质	高	1～2
黑蝇：黑蝇通过叮咬人类传播疾病，通过粪便将疾病传播到人类的食物或器具上	低	1～2

　　DRIFT 社会学模块必须清楚记录流量变化对河流周边居民社会发展的影响，在拟开发的流量场景中对社会影响进行预测。决策者不应该在不了解实际或潜在影响的情况下确定相关的水资源开发利用方案。

　　开展生态流量评估工作不能保证水资源开发对河流周边社会的影响被消除，只能减轻或预测开发方案带来的影响。例如，预测大坝的建设将截留沉积物、降低流量变化范围以及改变下游河流温度。DRIFT 法能够预测水资源开发利用方案对河流的生物物理和社会经济发展影响，确保决策方案考虑的范围更广。目前，生态流量评估工作涉及的社会学方面的研究较少。但已有研究引起了学术界的广泛关注。

　　一套相对标准的程序和议协将有助于将社会学数据纳入到生态流量评估工作中，这也激发了关于为生态流量评估的社会学模块制定一套程序指南的可能性和方法的讨论。

　　5. 阶段 5 研究

　　社会学模块第 5 阶段包括监控预期结果，根据阶段 1 确定的研究参数对研究区域进行实时监控，得到相关参数的变化规律用于验证第 3 阶段场景开发拟定的流量变化对社会学指标影响的准确性。

第 5 章　分析阶段

DRIFT 的决策支持系统 DSS 可用于协助研究团队对信息和数据进行一致和连贯的处理，运用该方法进行生态流量评估允许对跨学科、跨站点和随时间推移的场景影响进行比较，同时评估及分析结果的呈现方式包括图表、直方图和表格等一系列选项，评估结果将通过拟定的流量指标、位置、流域和学科的各种排列总结各类流量场景实施后的结果。研究团队各学科专家会对各项指标的响应曲线进行分析推理，同时编制成果报告的团队需要对各项分析结果进行汇总，并使用通俗易懂的语言对各项研究结论进行解读，以方便各利益相关者有效理解整个研究的主要结论。在这一阶段，还应纳入各项流量场景下的平行宏观经济评估，以便可以一起呈现每个场景的宏观经济（来自外部来源）、社会和生态（均来自 DRIFT）影响。成果报告通常包括专家报告、实地调查数据以及最终的结果报告。

5.1　研究结果格式

应用 DRIFT 法评估生态流量时，输入决策支持系统软件 DSS 的数据格式通常为时间序列文件。输出结果方面：DRIFT - DSS1 产生的结果是给定时段内的研究结果值（严重性或完整性评分）。DRIFT - DSS2 的"准时间序列"如图 5 - 1 所示，该时间序列结果为

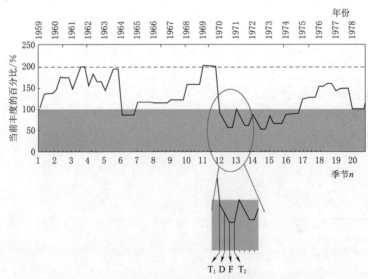

图 5 - 1　DRIFT - DSS2 的"准时间序列"图

每个流量指标生成了相对丰度值的初始"准时间序列",将这些初始"准时间序列"组合成季节值,其中第 $n+1$ 季的值取决于第 n 季的值,年值取年末丰度。在计算生态完整性和整体结果时,可使用一段时间内的平均值。图中的 T1、D、F、T2 分别代表水文过程中拟定的与生态相关的四个时期:过渡期 1、枯水期、丰水期、过渡期 2,如图 3 - 7 所示。

5.2 完整性评分

5.2.1 各学科生态完整性评分

生态完整性是衡量河流生态系统"健康"或"生态状况"的指标。各学科的完整性评分(例如鱼类)是该学科中每个已识别指标的完整性的集合(例如鱼类 A、鱼类 B、鱼类 C)。当各项指标对于该学科完整性评分的贡献度或重要程度有所区别时,在计算学科完整性时可以使用权重。

首先,必须确定一个学科领域内各个指标的完整性(integrity,I)。故要找到时间序列中所有季节的平均丰度(例如时间序列中有 20 年数据,每年数据分 4 个时期,则取 80 个值的平均值)。然后将平均值从当前丰度的百分比转换为严重性评分。根据指标的变化方向(改善或恶化)将严重性分数乘以 1 或 -1。最后对单个指标进行加权求和以求出某一学科的整体完整性评分,即

$$OI_D = \sum_{i=1}^{n} w^i I^i \tag{5-1}$$

式中 I ——个体指标 i 的完整性评分;

w^i ——指标 i 的权重;

OI_D ——学科 D 的整体完整性评分;

n ——学科 D 包含的指标个数。

5.2.2 计算生态完整性

生态流量评估中,栖息地和生物群落的状况对某一区域或地点的一般生态状况有贡献,但不同的栖息地或生物群落的生态状况在研究区域内的重要程度不同,因此计算区域内整体生态完整性评分时需要设置相关权重。可根据不同场景及研究断面计算每个学科以及整个生态系统状态的汇总值,通过 DRIFT 将生态系统向自然状态转变的情况转化为生态系统严重性评级,向自然状态发展为正向评分,远离自然状态则为负向评分。根据严重性评级可进一步对生态现状(present ecological status,PES)分类,生态系统状态评级表见表 5 - 1。

表 5 - 1 生态系统状态评级表

分类	等 级 描 述	PES 评估/%
A	未变化,自然状态	90~100
B	接近自然状态,生境与物种发生微小变化,生态系统功能基本不变	80~89
C	发生适度变化,生境与物种破坏情况发生,生态系统功能基本维持	60~79

续表

分类	等 级 描 述	PES 评估/%
D	发生较大变化，自然生境、生物群落与生态系统基本功能遭到大面积破坏	40～59
E	发生严重变化，自然生境、生物群落与生态系统基本功能被破坏程度加深	20～39
F	发生不可逆变化，自然生境、生物群落与生态系统基本功能基本全部被破坏	0～19

河流生态系统完整性评分图如图 5-2 所示。各学科或研究断面的完整性评分图由完整性评分（Y 轴）与学科或断面（X 轴）组成。图中显示了河流系统三个研究断面在五种场景（基础场景与 4 项流量场景）下的生态系统完整性评分图，该图可用于预测不同流量场景下的生态系统变化情况，同时也可根据目标生态系统状况反推河道所需要的流量场景。

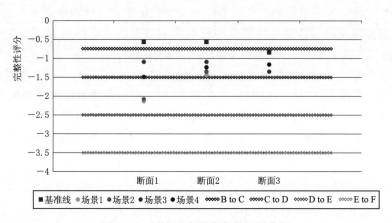

图 5-2 河流生态系统完整性评分图

5.2.3 调整生态现状和相对于自然的完整性

完整性评分需要调整，以便能够在同一尺度上比较学科与地点的完整性评分。为了获得调整后的完整性评分，需要执行以下三个步骤：

1. 计算未经调整的分数

DRIFT 生态完整性评分的范围从 $-5～5$，其中 0 是研究区域当前状态对应的生态完整性评分。当某一项流量场景下的完整性评分为正，则表示该项流量场景下的生态系统向自然方向移动，而完整性评分为负表示该项流量场景下的生态系统远离自然方向。在 DRIFT 中，完整性评分与严重性等级的值（大小）相同，但符号可能不同。例如，严重性为 -2 可能表示 30%～40% 的丰度损失。如果这是外来物种丰度的损失，则表明完整性有所提高，因此完整性分数将为 2。在最初的 DRIFT 方法中，各研究区域或流量场景统一使用单个评分值（严重性或完整性），然而 DRIFT-DSS 会产生严重性等级的时间序列，这些时间序列在一段时间内（包括所有季节，而不仅仅是年末值）中求平均值以得出完整性分数。例如，对于严重性得分为 -3、1、-2、-1、2 的 5 个季节的时间序列，平均严重性得分为 -0.6。专家给出的完整性符号表明预测的变化是趋向（＋）还是远离（－）自然条件。如果丰度下降（例如 -0.6）是朝向指标的自然条件移动，那么完整性的变化将是积极的。在上面的示例中，完整性分数为 0.6。

2. 将当前状态完整性评分调整为零

假设一个流量场景的完整性分数是时间序列数据的平均值，那么当前流量状态的完整性评分不太可能恰好为 0。因此，需要对每个学科/地点进行调整，通过添加或减去当前状态完整性评分与其他流量场景的差异值来将当前状态的完整性评分调整为 0。

3. 将各流量场景完整性评分调整为相对于自然值的分数：

为了调整步骤 2 的分数，使 0 分的完整性评分对应自然状态（非当前状态）的评分，应采用以下规则调整：

如果研究区域达到 A 或 A/B 类，不调整完整性分数。

如果研究区域属于 B 类，则从分数中减去 0.5。

如果研究区域属于 C 类，则从分数中减去 1。

如果研究区域属于 D 类，则从分数中减去 2。

如果研究区域属于 E 类，则从分数中减去 3。

因此，由此产生的分数反映了相对于自然值的完整性，并且可以跨学科和地点进行比较。

参 考 文 献

[1] Barton D, ten Berge D, Janssen R. Pressure – impact multi – criteria environmental flow analysis: Application in the Oyeren Delta, Glomma River basin, Norway [M]//Integrating Water Resources Management: Interdisciplinary Methodologies and Strategies in Practice. IWA publications, 2010.

[2] Beilfuss R, Brown C. Assessing Environmental Flow requirements for the Marromeu Complex of the Zambezi delta: application of the drift model (downstream response to imposed flow transformations) [R]. Museum of Natural History – University of Eduardo Mondlane, Maputo, Mozambique, 2006.

[3] Beilfuss R, Chilundo A, Isaacmen A, et al. The impact of hydrological changes on subsistence production systems and socio – cultural values in the lower Zambezi Valley [M]. Working paper program for the sustainable management of Cahora Bassa Dam and the Lower Zambezi Valley, 2002.

[4] Black M, para el Agua A M. Poverty reduction and IWRM [M]. GWP, 2003.

[5] Brown C A, Joubert A. Using multicriteria analysis to develop environmental flow scenarios for rivers targeted for water resource management [J]. Water Sa, 2003, 29 (4): 365 – 374.

[6] Brown C A, King J M. Consulting services for the establishment and monitoring of the instream flow requirements for river courses downstream of the Lesotho Highland Water Project dams [R]. Lesotho Highlands Development Authority, Lesotho, 1999.

[7] Brown C A, King J M. World Bank water resources and environmental best management Briefs: briefing Note 6 [R]. Environmental Flow Assessments: Concepts and Methodologies, 2002.

[8] Brown C A, King J M, Sabet H. Project Structure and Methods. Lesotho Highlands Water Project. Contract LHDA 648: Consulting services for the establishment and monitoring of instream flow requirements for river courses downstream of LHWP dams. [R], 2000.

[9] Camp Dresser and McKee Inc, Bledsoe B D, Miller W J, et al. Watershed Flow Evaluation Tool Pilot Study for Roaring Fork and Fountain Creek Watersheds and Site – Specific Quantification Pilot Study for Roaring Fork Watershed (Draft) [M], 2009.

[10] Fisheries Office, Non – Timber Forest Product (NTFP). A study of the downstream impacts of the Yali Falls Dam in the Se San River Basin in Ratanakiri Province, Northeast Cambodia [M]. The Fisheries Office and NTFP, 2000.

[11] King J, Brown C. Integrated basin flow assessments: concepts and method development in Africa and South – east Asia [J]. Freshwater Biology, 2010, 55 (1): 127 – 146.

[12] King J, Brown C, Sabet H. A scenario – based holistic approach to environmental flow assessments for rivers [J]. River research and applications, 2003, 19 (5 – 6): 619 – 639.

[13] King J M, Brown C A. Environment protection and sustainable management of the Okavango River Basin: Preliminary Environmental Flows Assessment. Scenario Report: Ecological and social predictions. Project [R], 2009.

[14] Marsh N. River analysis package: presentation notes [M]. Catchment Hydrology, 2007.

[15] Metsi Consultants. Consulting Services for the establishment and monitoring of Instream Flow Re-

quirements for river courses downstream of LHWP dams – LHDA 648. Final Report：Summary of main findings ［R］. Lesotho Highlands Development Authorit Consultants Report，Lesotho，2000.

［16］ Taylor C N，Bryan C H，Goodrich C. Social assessment：theory，process and techniques ［M］. Centre for Resource Management，1990.

［17］ Turton C. Livelihood monitoring and evalaution：Improving the impact and relevance of development interventions ［R］，2001.

第3篇

典型应用案例

引言

　　本篇内容主要对 DRIFT 在国外河流的应用情况做基本介绍，其中第 6 章内容结合文献资料对奥卡万戈河、奥勒芬兹河以及赞比西河用 DRIFT 法完成的生态流量评估及河流修复工作做详细梳理与介绍。第 7 章参考资料 *Development of DRIFT，a scenario-based methodology for environmental flow assessments* 介绍了整体法中的代表性方法结构单元法、下游对流量变化的响应法以及流量-压力-响应法在南非布里德河流域的应用情况，从前期工作、评估步骤、相对成本、输出结果等方面对三种方法进行了对比分析。

第6章 DRIFT 法应用案例

6.1 奥卡万戈河生态流量评估

奥卡万戈河，又名库邦戈（Cubango）河，是南非一条内陆河，也是非洲南部第四长河，发源于安哥拉比耶高原，向东南经纳米比亚流入博茨瓦纳，消失于奥卡万戈三角洲。该河流全长 1600km，流域面积 80 万 km^2，河口流量 250m^3/s。在博茨瓦纳境内，最大流量约为 453m^3/s（3—4 月），最小流量约为 170m^3/s（10 月）。奥卡万戈河主要支流有奎托河、库希河等。南部支流主要汇入恩加米湖，北部支流汇入宽多河（赞比西河支流）。奥卡万戈河水资源开发程度较低，生态系统处于天然状态，具有全球标志性的湿地及野生动物栖息地（Mendelsohn 和 El Obeid，2004）。然而流域周边城市经济落后，开发利用该流域水资源成为社会发展的重要途径。在此背景下，流域周边国家政府同全球环境基金会在 2010 年启动了流域跨界诊断分析项目用于解决奥卡万戈流域环境保护及可持续管理问题，各成员国于 2010 年完成了跨界诊断分析（transboundary diagnostic analysis，TDA），该分析由三国政府和全球环境基金资助。

TDA 的核心是应用下游河道对流量变化响应法完成流域内生态流量评估工作。传统生态流量评估工作是在工程建设产生环境问题后进行，而该项目在目标河流处于天然状态前提下，应用 DRIFT 场景开发功能预测不同水资源开发利用程度对奥卡万戈河产生的各类影响，并设置相应战略发展方案解决预测问题，达到在保护河流生境的前提下发展经济的目的（侯俊等，2023）。

奥卡万戈河生态流量评估工作采用的 Brown、Joubert 和 King 等所使用的 DRIFT 法（Brown 和 Joubert，2003；Brown 等，2013；King 和 Brown，2010；King 等，2003），为了确保 DRIFT 方法能够合适地应用于奥卡万戈河，研究人员在 2008 年 7 月至 2009 年 10 月期间完成了六阶段工作，分别为设定研究基础、开发模拟场景、模拟场景流量状态、绘制指标响应曲线、考虑气候变化影响以及形成结果分析报告。

6.1.1 六阶段工作

1. 设定研究基础

奥卡万戈河环境规划和支持管理办公室（Environmental Protection and Sustainable Management of the Okavango River Basin，EPSMO）在建立 DRIFT 法应用于奥卡万戈河流域适应气候变化的三角洲生态流量研究的综合框架时，根据 DRIFT 法涉及模块和地理位置等因素考虑任命了三个多学科研究小组，安哥拉、纳米比亚和博茨瓦纳三个国家各负责一个多学科小组，除此之外还设有一个流程管理小组，共有 41 名专家。每个国家小组都由水文学、水力学、水生化学、沉积学、河流地貌学以及水生和河岸植被、鱼类、水生无脊椎动物、水鸟、爬行动物、哺乳动物、资源经济学和社会学等各个领域经验丰富的专业人员组成。各小组中还包含一位经济学家，负责评估流域层面的每种流量场景下的经济效益，这种人员安排方法确保了多类学科的专业知识可用来指导 DRIFT 的应用。

首先研究人员将流域划分为生物物理单元和社会单元。生物物理单元基于系统沿线的水文、物理化学和生物学数据，而社会单元则基于城市人口数量、土地使用、家庭收入来源和使用的河流资源。该项目将研究区域划分为 12 个综合分析单位（integrated units of analysis，IUA），由各个单元的分析结果推延到整个研究区域中。该类研究方法有助于增强研究人员对整个流域的理解，是生态流量评估方法中常见的处理研究区域的方式。该类研究区域处理方法在欧盟水框架指令中被称为"河流类型分类"（classification of river types）（Acreman 和 Ferguson，2010），在水文变化的生态极限（ecological limits of hydrologic Alteration，ELOHA）中被称为"河流分类"（river classification）（Poff 等，2010），在南非被称为"集水区划定"（catchment delineation）（King 和 Pienaar，2011），在澳大利亚基准测试方法中被称为"空间参考框架"（spatial reference framework）（Brizga 等，2006）。简而言之，研究人员根据物理和社会特征将流域划分为较小的单元，然后他们将各个单元组成更大的群组，以更好地了解整个流域的情况。

在具体实施过程中，研究人员先确定了八个"优先 IUA"的区域，在这些区域中，水资源开发和潜在水资源冲突的可能性很大。为了集中研究，他们在每个 IUA 内指定了具有代表性的研究地点或区域。然后研究人员分组工作，确定两类指标：生物物理和社会经济指标。生物物理指标是河流的物理化学生物特征，例如水质、流速、沉积物、水生生物等，可以随流量变化而变化；而社会经济指标是社会属性，主要指受河流变化影响的社会和经济因素，例如水供应或水质的变化会影响农业、渔业和旅游业的发展，而农业、渔业和旅游业又是许多河流流域的重要经济活动。这些指标将作为实地访问、数据收集、文献审查和分析的重点。最后所有的结果将以一系列的专家报告的形式递交给每个国家和学科小组。

2. 开发模拟场景

研究人员使用开发模拟场景来探索河流在不同水资源开发利用方案下的情况。这些开发模拟场景是在与政府和利益相关方协商后选择的，这样可以确保这些场景是可接受的，不会在评估后被忽视。

研究人员为奥卡万戈河选择了四种场景，其中包括低、中、高水资源开发场景以及现状场景。低用水开发场景包括安哥拉、纳米比亚和博茨瓦纳三个国家实际的 5～7 年国家计划中确定的所有水资源开发利用方案，而高用水开发场景包括有史以来考虑过的所有河流系统开发利用方案。高用水开发场景设置的目的是评估河流在不出现灾难性衰退的情况下可以承受的水资源开发利用量。

3. 模拟场景流量状态

奥卡万戈河生态流量评估工作的三阶段工作将涉及一个水文小组，由他们模拟所有地点、场景的流量状态，并且该工作是与前两个工作流程平行完成的。

该水文小组需要使用降雨径流模型和数据来模拟水在不同场景下的流动过程，首先需要基于不同的区域采用不同的模型，如上游集水区（降雨径流模型）、三角洲区域（HOORC Delta 模型、DWA Delta 模型）、下游区域（HOORC Delta 模型），其次他们还需要考虑到各种数据输入，例如径流序列、灌溉和城市用水需求、河内大坝、流域间输送和水力发电计划等，最后使用模型和数据模拟出现状情况、低用水、中用水和高用水场景的流量状态。

4. 绘制指标响应曲线

研究人员使用 DRIFT DSS 的软件来分析生物物理单元和社会单元的指标数据。这两个单元中的指标数据关系将通过响应曲线的形式表现，然后研究人员会使用响应曲线来预测不同流量模式对生态系统和社会的影响。DRIFT DSS 基于软件自身的数据库（响应曲线）输出预测结果。生态流量评估团队在流量场景评估会议上对这些预测进行了评估和审核。

DRIFT DSS 是一款包含决策支持系统的软件，它通过向决策者提供相关信息来帮助他们做出合理的决定，该软件收集了特定领域专家已有研究结果作为基本数据库，并利用这些知识来做出响应曲线从而进行预测；响应曲线是用于表示流量状态与生态系统变化和社会影响之间的关系；流量场景评估会议是团队审查和讨论 DRIFT DSS 导出的预测结果合理性的会议。

5. 考虑气候变化影响

第五阶段工作中研究人员会将气候变化的影响添加到该评估项目中。主要通过在叠加最干燥和最潮湿的气候变化预测的情况下重新运行低用水开发场景和中度用水开发场景，从而将气候变化添加至评估项目中。将气候变化添加至评估项目中后更利于研究人员了解气候变化会如何影响该项目的评估结果。

6. 结果分析报告

研究人员将根据 DRIFTDSS 预测情况形成结果分析报告，而这个结果分析报告将作为跨界诊断分析报告中的一部分，并被用作全流域战略行动计划（strategic action planning，SAP）的基础。TDA 是用于确定跨界水系统中环境问题根本原因的工具，而 SAP 是解决这些问题的行动计划。

6.1.2 水文建模和分析

1. 建模目的

建立水文模型的主要目的为针对现状条件（present day，PD）和低、中、高度用水开发利用场景为每个生态流量研究站点制定每日流量序列，并将这些流量序列转换为与生态相关的流量统计数据并用于生态分析。

为了实现这些目标，研究团队成立了一个由三个成员国的水文学家和国际水资源建模专家组成的工作组。该小组在 2008—2009 年为期五周的研讨会上为 PD 准备了水文数据，并为每个站点准备了低、中、高度用水开发利用场景的数据。低、中、高度及现状场景水资源开发利用情况表见表 6-1。

表 6 - 1 低、中、高度及现状场景水资源开发利用情况表

场 景	水资源开发利用情况
现状（PD）	纳米比亚的 2200hm^2 灌溉用水
低度用水开发利用场景 （国家 5～7 年的计划）	纳米比亚的 3100hm^2 灌溉区 安哥拉库贝河沿岸的 18000hm^2 灌溉用水 安哥拉的一个储水式水电站和三个径流式水力发电站
中度用水开发利用场景 （10～15 年的流域内 用水计划）	包括所有现状场景和低用水场景，以及根据预测增加对人和牲畜的用水需求 纳米比亚 8400hm^2 灌溉用水 安哥拉 198000hm^2 灌溉用水 第一阶段向纳米比亚的东部国家水运公司输送 $17 \times 10^6 \mathrm{m}^3$ 的水安哥拉的一个储水式水电站和四个径流式水力发电站
高度用水开发利用场景 （20 年的流域内用水计划）	包括所有中度用水场景以及按预测增加对人和牲畜的用水需求 纳米比亚的 15000hm^2 灌溉用水 安哥拉不同地点的 33800hm^2 灌溉用水 安哥拉的一个储水式水电站和九个径流式水力发电站 第二阶段向纳米比亚的东部国家水运公司输送 $83 \times 10^6 \mathrm{m}^3$ 的水 从三角洲抽水，用于向三角洲西部边缘的社区及城市供水

2. 水文建模

研究人员调查三角洲地区的水文气候监测网络以及安哥拉上游河流缺乏水文数据的情况后，发现三角洲地区拥有完善的监测网络，其中包括可追溯到 20 世纪 30 年代的河流水文资料和多种已有的水文模型，但是安哥拉上游河流的水文数据有限，为了提供项目所需的全流域水文信息，研究人员配置了一组相互关联的模型。该模型涵盖了数据匮乏的上游集水区、三角洲区域以及下游区域（波特提/塔马拉坎系统）。

上游集水区：研究人员使用了现有的基于皮特曼的降雨径流模型（Pitman，1973），该模型是作为区域发展水和生态系统资源（WERRD）（Hughes 等，2006）项目的一部分开发的，并将其配置为在三角洲上游 24 个子集水区的出口提供径流序列。该模型使用了热带降雨测量法和特殊传感器微波成像仪得出降雨估算值，以克服 1972 年后上游流域缺乏降雨测定点的问题（Wilk 等，2006）。系统模型采用水资源评价与规划系统（water evaluation and planning system，WEAP）模型来模拟集水区的不同水资源开发利用场景。该模型考虑了各学科的基础数据，例如径流序列、灌溉和城市用水需求、河内大坝、流域间输送和水力发电计划。这些输入用于模拟不同的用水场景，包括 PD（假定干旱）、低、中和高用水场景。

三角洲区域：该区域采用两种模型，第一种为 HOORC Delta 模型，这是一种混合水库—地理信息系统模型，由奥卡万戈研究中心开发（Wolski 等，2006）。该模型用于预测三角洲生态流量站点的洪水频率和范围。该模型以每月时间运行，包括一个动态生态区模型，用于模拟植被组合对水文条件变化的响应。该模型的场景流入数据依靠 WEAP 模型对流域径流的模拟提供。第二种为 DWA Delta 模型，这是 MIKE - SHE/MIKE 11 流体力学模型，之前由博茨瓦纳水务部和丹麦水利研究所为奥卡万戈三角洲管理计划（Okavango Delta Management Plan）配置（ODMP，2008）。该模型用于预测三角洲生态流量站

点的流速和深度。在将每月流量序列分解为每日时间步长后，使用 WEAP 模拟的莫亨博场景流量序列用作三角洲模型的流入序列。

下游区域：使用 HOORC Delta 模型模拟波特提/塔马拉坎三角洲的水流，同时使用了 Mazvimavi 和 Motsholapheko（Mazvimavi 和 Motsholapheko，2008）在 2008 年开发的线性储层分布模型来得出波特提生态流量站点的场景流量序列。

3. 水文指标

上游集水区供选择 9 类水文指标，包括：①年平均径流；②枯水期开始日期；③枯水期持续时间；④枯水期 5 日最小流量；⑤洪水季节开始日期；⑥洪水季节 5 日最大流量；⑦洪水季节流量；⑧洪水季节持续时间；⑨洪水季节类型。

三角洲区域：奥卡万戈三角洲是一个复杂的系统，具有不同的洪水和排水模式，没有一个站点可以代表所有情况。该模型的输出结果是一系列作为三角洲水文指标的植被类型/栖息地，分别为：①永久沼泽的河道；②永久沼泽的泻湖；③永久沼泽的漫滩沼泽；④季节性洪水区的季节性水池；⑤季节性洪水区的季节性草地；⑥季节性洪水区的季节性草原；⑦季节性洪水区域的干旱地区。

下游区域：波特提/塔马拉坎系统的水文指标为波特提河上长达 200km 研究范围的区域类型，即潮湿、半潮湿、干旱。

6.1.3 DRIFT 场景预测分析

1. 生物物理变化预测

河流保持天然状态对其生态系统健康运转很重要，而不同时间尺度上流量的大小、频率、时间节点、持续时间和总体可变性对于河流生态系统正常运作至关重要。

研究结果预测这些潜在的属性变化将导致河流健康状况从低用水开发场景到高用水开发场景稳步下降，其影响将变得越来越具有跨界性。河流健康状况的下降主要体现在于低用水开发场景，但在中、高度用水开发场景下，下游流域受到的影响最为严重，这主要是下游流域需要来自上游径流补充流量。在高度用水开发场景下，由于三角洲的严重地域化，该系统的大部分区域将无法为该地区生态系统提供基本的用水供应，这将严重影响鱼类、鸟类和野生动物，一些物种会减少到现有丰度的 5% 或在局部灭绝。但是，随着永久沼泽被季节性洪泛区所取代，野生动物如大象、水牛和疣猪等大型食草动物可能会受益。但最终，随着湿地向大草原转变，部分湿地可能出现衰退，一些鸟类可能会在此期间受益。

研究发现河流系统的生态状况与流量之间的关系并不简单，由于城市定居点、捕鱼、偷猎和河岸植被清除等其他因素会对其产生影响。河流生态等级预测如图 6-1 所示，随着多年平均流量的减少，河流生态状况将恶化，如果平均年径流量降至自然径流的 70%，生态系统健康状况将发生从 C 级到 E 级的大幅度恶化，该项指标也将作为制定水资源规划方案的重要参考。

2. 社会经济变化预测

生态系统的变化将对生活在该流域的人类产生影响，特别是那些生计与河流有关的人们。根据 DRIFT 场景预测（如图 6-2 所示），在这些场景中与河流相关的生计和国民收入将下降，而中、高度用水开发场景显示两者都将大幅下降，其中的主要是由于生态旅游业的收入减少。尽管灌溉、水力发电和公共供水会带来收益，但除不切实际的经济假设外，以这些模拟场景为代表的发展净效应显示每年仍将承受高达 14 亿美元的净亏损。流域周边居民生活收入以及河流对国民收入的直接经济贡献随着河流开发程度的降低出现明显下降，该项结果为工程建设后对受影响居民的补偿提供标准。

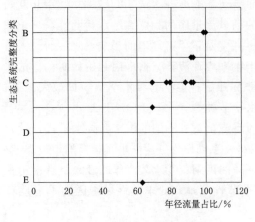

图 6-1　河流生态等级预测　　　　　　　图 6-2　社会经济预测

6.2　奥勒芬兹河河流修复工作

奥勒芬兹河（Olifants River）是非洲大陆上一条重要的河流，该河流起源于南非的德拉肯斯山脉，经过南非、纳米比亚和博茨瓦纳等多个国家，最终注入印度洋。奥勒芬兹河全长约 1100km，是非洲南部地区最长的河流之一。奥勒芬兹河在其流域内形成了一些重要的生态系统，包括湿地、洪泛平原和河口（Brown 等，2006），是南部非洲一些重要的农业地区的主要水源，支持了当地的农业、渔业和日常生活。奥勒芬兹河流域还是一些野生动植物的栖息地，包括了众多的鸟类、哺乳动物和爬行动物，该河流在南非、纳米比亚和博茨瓦纳等国家的流域内都具有重要的环境、经济和文化价值。

奥勒芬兹河流域地区的年平均降水量小于 200mm，这意味着除了较湿的西南地区外，其他地区的气候不适合大规模的旱地农业。奥勒芬兹河集水区的人口约为 11.3 万人，主要生活在奥勒芬兹河沿岸或其附近的集水区。集水区的经济主要以灌溉作物为基础，例如在奥勒芬特斯谷种植的柑橘、落叶、葡萄和马铃薯。

6.2.1　河流修复八阶段工作

为了改善奥勒芬兹河和多林河的生态环境状态，水务和林业部（Department of Water and Forestry，DWAF）计划对当地开展河流修复工作，涉及确定研究目标和范围、定义资源单位、生态分类、量化生态用水场景、不同流量场景的生态后果评估、制定决策、建立生态保护区质量标准、生态保护区投入运营八阶段内容，具体如下。

（1）确定研究目标和范围。该阶段工作属于 DWAF 内部的工作，目的是确定不同保护区的重要水平，并研究决定各分段河流的合适级别。选择的级别将决定研究的持续时间、涉及的学科、数据收集的量以及所使用的方法。就奥勒芬兹河—多林河河流修复研究而言，需要为期两年的研究时间并由来自六个不同学科的专家（水文学、水力学、地貌学、水质学、植物学、大型无脊椎动物生态学和鱼类生态学）共同参与。

（2）定义资源单位。在南非奥勒芬兹河—多林河研究的背景下，第二阶段工作涉及将研究区域划分为不同的生态系统，如河流、湿地、河口或地下水等不同生态系统。目的是确定每个生态系统内的代表性区域，将研究区域划分为不同的生态系统和代表性区域能够更好地了解河流生态系统的状况以及不同水资源开发对于生态环境的影响，之后研究人员可以使用这些信息，就河流的不同用途（例如生态和农业收益）之间的权衡做出最佳的选择。在奥勒芬兹河—多林河的研究中，专家学者选择了分布在集水区的六个研究地点，研究地点图如图6-3所示。

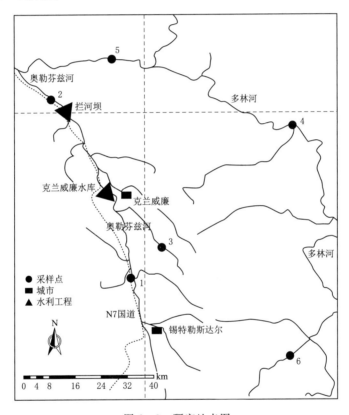

图6-3 研究地点图

（3）生态分类。该阶段工作根据资源单位的特征和功能将它们分为不同的生态类别，并将其与自然或未受干扰状态进行比较。这项评估以水务和林业部提供的评估程序为指导，Kleynhans等（1996；2008）对该评估程序进行了详细解释。这些评估程序可能涉及评估各种生态指标，例如水质、栖息地质量和生物多样性，以确定河流生态系统的整体健康状况。这一步对于了解生态系统的现状和确定可能需要恢复或保护的区域非常重要。

（4）量化生态用水场景。使用下游河道对流量变化响应法来提供流量场景并评估其后果，此阶段工作为整个奥勒芬兹河河流修复工作的重点。研究人员选择了集水区的六个代表性地点作为流量场景开发区域，并评估了每个地点的几种与流量相关的场景对应生态系统健康程度。后续研究结果表明，在冬季高流量期间抽水和河流修复工作可以带来积极的生态和农业回报，这项研究是在时间和金钱的限制以及缺乏历史数据的情况下进行的，采用 DIRFT 法可以就水资源开发中各种权衡情况提供清晰易懂的信息以便相关利益者进行正确的决策。

（5）不同流量场景的生态后果评估。第五阶段工作涉及使用 DRIFT 法提供流量场景并评估每种场景对河流生态系统的生态影响。研究人员将利用在第四阶段工作中获得的结果来评估不同流量场景对河流生态系统的影响。这些流量场景被认为是系统的现实操作场景，换句话说，它们代表了未来管理和使用河流的可能方式。此步骤的目的是为决策者、管理者提供有关不同流量场景对河流生态系统的潜在影响信息。这些信息可用于选择最合适的实施方案，并为该方案制定监测和评估标准。

（6）制定决策。根据前五阶段工作中获得的信息就水资源开发及其对河流生态系统的影响做出决策。

（7）建立生态保护区质量标准。第七阶段工作为建立生态保护区质量目标，以确保河流生态系统得到保护。这些目标可用于评估河流生态系统的健康状况，并确定生态保护区是否正在实现其目标。

（8）生态保护区投入运营。最后一阶段工作包括实施生态保护区并监测其在保护河流生态系统方面的有效性，除了监测和评估标准外，研究人员还制定了相应的规则规定水坝的运营、许可证的发放等。所有的规则旨在确保生态保护区得到有效实施并保护河流生态系统。

在八个阶段工作中，如何量化生态用水场景，采用哪种生态流量评估方法是整个工程的重中之重，而 DRIFT 作为一套结构化的生态流量评估方法，能够将所有学科的数据与信息组合生成相应的流量场景，通过对不同场景的模拟分析为相关部门人员提供管理与决策意见，十分契合整个河流修复工作的需求。

6.2.2 DRIFT 法的应用

DRIFT 法包含 4 个模块，分别为生物物理模块、社会学模块、场景开发模块以及经济模块。生物物理模块用于描述当前生态系统的性质与功能，分析各类生物物理指标随流量变化的情况；社会学模块用于识别研究范围内受流量变化影响的居民情况；场景开发模块结合了一、二模块内容，开发了各类场景预测流量变化对生态环境及河岸居民的影响；经济模块用于分析补偿受影响居民所需要的成本。在奥勒芬兹河河流修复工作中中仅使用了 DRIFT 法模块 1（生物物理模块）和模块 3（场景开发模块）。

在该工程中，DRIFT 法被用于确定南非西开普省奥勒芬兹河—多林河生态流量。该研究中为确定奥勒芬兹河—多林河当前生态状况（present ecological status）的方法，研究人员使用了两个模型：由 Kleynhans 等（2008）开发的生态状态模型和水务和林业部提供的水质模型。生态状态模型是一种工具，用于根据水质、栖息地和生物区系等各种指标对河流的生态状况进行分类。水务和林业部提供的资源质量服务模型（resource quality services，RQS）则侧重于研究水中营养盐浓度的变化情况（Kleynhans 等，2007）。

在 DRIFT 法的实际运用中，研究人员在河流沿岸选取代表性地点，并分析不同流量场景对生态系统的影响。该研究将每个地点的每日流量数据分为十个流量级别，并预测了河流生态系统不同组成部分在不同流量条件下发生四个流量级别变化后所产生的结果。这项研究面临时间和金钱的限制，并且缺乏历史数据，研究人员只能通过研究很长一段时间流量的数据，并将其分为十类，然后，预测每个类别内的流量变化对河流生态系统不同方面的影响。最终研究结果表明，在冬季高流量期间抽水和河流修复工作会带来积极的生态和农业收益。

6.2.3 DRIFT 法场景预测分析

1 号站点位于河流的一个弯曲上，单从水力模型的角度来看，这是一个不太理想的生态流量站点，但是该站点提供了更广泛的栖息地类型，并且该站点的生态条件相对较好。因此，最终考虑到对场地的各种要求，包括研究人员的人身安全，最终选择了该地点作为1 号站点，并且后续的研究分析将以 1 号站点为例进行叙述。

1. 生态分类

研究采用生态环境服务付费（payment for ecosystem services，PES）的评分标准，根据 DRIFT 法的结果，奥勒芬兹河—多林河 1 号站点的当前生态状态被归类为 D，奥勒芬兹河—多林河 1 号站点当前生态状况的 PES 评价等级见表 6-2。这意味着河流生态系统的状态与其自然条件下的生态状态明显偏离，造成这种偏差的主要因素是人工操纵河道（人工对河道自然路线的物理改变，这会影响水流和水生生物的栖息地）、洪泛区的耕作（河流邻近土地的农业用途，会导致水土流失和养分流入河流）、夏季流量减少、夏季枯水期长以及外来植被入侵（河流生态系统中非本地植物物种的生长，与本地物种争夺资源并改变栖息地）等。

表 6-2   奥勒芬兹河—多林河 1 号站点当前生态状况的 PES 评价等级

奥勒芬兹河—多林河 1 号站点当前生态状况的 PES 评估摘要			
驱动要素	PES 评价等级	驱动要素 PES 评价等级	总 PES 评价等级
水文学	D		
地貌学	E	D	
水质	B		
响应分量	PES 评价等级	响应分量 PES 评价等级	D
鱼类	D		
大型无脊椎动物	C	D	
植被	C		

2. 生物物理变化预测

研究发现 1 号站点丰水期低流量连续减少对大型无脊椎动物的一个子成分的影响，影响示例表见表 6-3，其中包括四个变化级别。表 6-3 中的严重性等级表示预测变化造成后果的严重程度，范围从 0（无变化）到 5（非常显著的变化）。变化方向表示元素丰度的增加（I）或减少（D）。"自然状态偏离情况"行表示变化是代表贴近河流自然状态还是远离自然状态。最后，"数据源"行表示数据的质量，根据 King 等（2003）制定的标准，将其分为高（H）、中（M）或低（L）。

表 6-3　　　　丰水期低流量变化对大型无脊椎动物的一个子成分的影响示例表

丰水期低流量	大型无脊椎动物								
	子成分	食腐性蜉蝣							
	因素	河床浅流区		河道中部		河边植被		河中石头/沙	
变化级别 1	严重性等级	0	1	0	1	0	1	0	1
	变化方向	增加		增加		增加		增加	
	自然状态偏离情况	偏离		偏离		偏离		偏离	
	数据源	M		M		M		M	
	完整性	0	−1	0	−1	0	1	0	−1
变化级别 2	严重性等级	0	2	0	2	0	2	0	2
	变化方向	增加		增加		增加		增加	
	自然状态偏离情况	偏离		偏离		偏离		偏离	
	数据源	M		M		M		M	
	完整性	0	−2	0	−2	0	−2	0	−2
变化级别 3	严重性等级	1	3	0	2	0	2	2	3
	变化方向	增加		增加		增加		增加	
	自然状态偏离情况	偏离		偏离		偏离		偏离	
	数据源	M		M		M		M	
	完整性	−1	−3	0	−2	0	−2	−2	−3
变化级别 4	严重性等级	2	3	0	2	0	1	2	4
	变化方向	增加		增加		增加		增加	
	自然状态偏离情况	偏离		偏离		偏离		偏离	
	数据源	M		M		M		M	
	完整性	−2	−3	0	−2	0	−1	−2	−4

　　研究结果发现水流变化对河流生态系统的物理栖息地和生物组成部分的潜在影响为低流量的变化将不会影响生物物理栖息地，一级流量变化可能会对其产生一些影响。此外研究发现在低流量发生三级和四级变化之前，预计这种流量的下降不会对水质产生明显影响，三级和四级流量变化意味着河道的水量大幅减少，几乎是目前可用水量的一半，而夏季流量增加（枯水期低流量三级变化等级）将对系统产生积极影响；在不改变该时期向生态系统提供的流量（枯水期低流量二级流量变化）大小的情况下，改变枯水期的流量分布也将对系统产生积极影响。

　　站点 1 的 DRIFT 类别结果是通过计算不同年水量的最大 DRIFT 完整性分数得出的。EWR 站点 1 的 DRIFT 类别结果如图 6-4 所示。图 6-4 中的每个数据点代表了通过包含特定水量的规定流量实现的河流状况。河流的当前状况由 DRIFT 完整性分数为零来表示。与当前状况相比，完整性发生负面变化（低于 0）将导致生态系统恶化，而与当前状况相比，积极变化（高于 0）将导致生态系统整体状况得到改善。当前流量状态（83% 多年平均径流）由图 6-3 中的黑色圆点表示，由图 6-3 可见当前流量分布状况被认为不太理想，相同流量以更有益的方式分布可以改善当前状况，其中涉及恢复部分枯水期低流量，增加枯水期期间河流的径流，同时增加雨季抽水量。图 6-4 中的水平实线是河流状况预计将从 D 类别变为 E 类别的阈值。站点 1 的 PES 为 D 类，在图 6-4 中用完整性分数为 0 表示。如果河流状况总体下降，即总体完整性分数为负，则会导致河流 PES 评分变为 E 类。

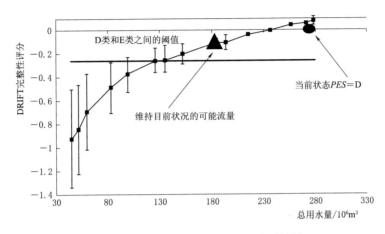

图 6-4　EWR 站点 1 的 DRIFT 类别结果

图 6-4 中的每个数据点表示通过河流在特定体积流量（X 轴）下的规定流量场景实现的河流状况（相对于当前状况）（Y 轴）。对于改变生态系统远离自然的场景，其背后的场景假设是 Brown 和 Joubert（2003）所作：如果至少 85% 的子部分完整性评级不小于 −1，则生态系统将保持在当前类别中（例如，奥勒芬兹河—多林河上 1 号站点的 D 类）；如果至少 85% 的子部分完整性评级不小于 −2，则生态系统将转移到下一个低等类别［例如，奥勒芬兹河—多林河 1 号场地的 D 类（目前）至 E 类（预测）］。

根据南非共和国相关法律（Gildenhuys，1998）和水务和林业部政策，生态保护区应努力保持河流系统的现状（如果河流类别低于 D 类，则需要进行一些改善措施）。因此，当 1 号站点处于 D 类别下，该站点的第一条保护措施是保持现状的流量状态。生态系统条件的驱动因素雷达图如图 6-5 所示。在图 6-5 中，可以在 D 类和 E 类之间的阈值以上的任何点（例如三角形的点）选择流量的总使用量。

在 1 号站点，河流的总体状况属于 D 类，但由于对河流系统的非流量相关影响，例如用推土机推平河道、洪泛区耕种以及外来植株入侵河岸等，导致该地区地貌方面评分属于 E 类。这意味着如果在不采取任何措施恢复生态系统其他组成部分的情况下进一步开发河流资源，则奥勒芬兹河将降级为 E 类（E 类是 DRIFT 法中的最低类别，表示河流生态系统严重退化）。然而，如果进行河流恢复工作以改善地貌状况，这将改善生态系统整体状况，河流整体状态可恢复至 C 类。

研究结果得出 1 号站点建议河道流量为 56% 多年平均流量，与其他研究的 D 类河流的估计值（Brown 和 Louw，2002；Brown 等，2000；Hughes 和 Münster，2000）进行比较发现该流量结果相对较高，可通过改善其他组分（如改善地貌条件、水质条件等），

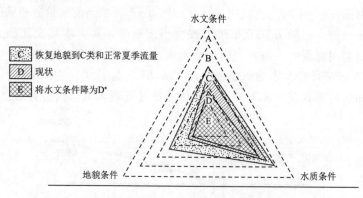

图 6-5　生态系统条件的驱动因素雷达图

使其分担达到图 6-5 中水文条件的"负荷"，则河道推荐流量可以降低到 35% 多年平均净流量，这意味着理论上奥勒芬兹河平均每年可以为当地居民额外提供 7000 万 m^3 的河流水资源。从奥勒芬兹河的经济价值来看，这是一笔可观的水收益。

在南非的西开普省，由于农作物生长季节（夏季）是一年中的枯水期，因此在雨季抽取的任何水都必须储存在河道外的蓄水池中以备日后使用，而这可能导致周边灌区农民承担部分费用用于蓄水池的建立和维修，会对该地区的农民产生相当大的财务影响，因此研究人员需要权衡河流每年额外提供的 7000 万 m^3 的水资源经济效益与蓄水池建立维修费用，给出较为详细的流量场景与其对应的后果预测，选择相应河流修复方案并获得该地区水务及林业部门和用水者协会（Water User Association，WUA）的支持。采用 DRIFT 法根据河流生态系统状况提供了流量场景及其后果的描述性结果，可供决策者、管理者和用户进行检查和比较，EWR 站点 1 的 DRIFT 类别结果如图 6-6 所示。例如，图 6-6 显示了在不恢复任何枯水期低流量的情况下，如果从河流生态系统中额外抽取 8000 万 m^3 的水，则所得的河流生态系统的 DIRFT 完整性评分（三角形位置）。

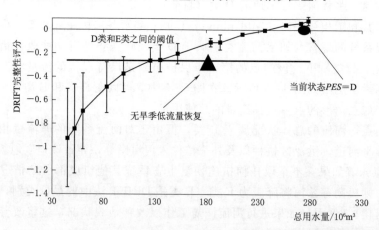

图 6-6　EWR 站点 1 的 DRIFT 类别结果（抽取 8000 万 m^3 流量）

研究发现，如果不恢复枯水期流量，河流的分类将从 D 类降至 E 类，这将不符合政府建议的 D 类或更高类别的最低要求。因此，如果要实施《南非共和国水法》，则需要将枯水期灌溉的雨季抽水成本纳入该地区农场的业务计划。枯水期所需的额外水量非常小，每年约为 1 万 m^3，但是该阶段流量的生态价值非常高，每 1 万 m^3 流量资源等同于 4 分 DRIFT 完整性分数。总而言之，该研究表明，恢复枯水期流量对于维持河流生态系统的生态健康至关重要，虽然所需的额外水量很小，但其生态价值很高，增加水量是有益的，将额外水量抽取并用于其他用途所得到的附加价值不如恢复枯水期流量所得到的生态价值高。

6.3 赞比西河下游生态系统保护

赞比西河是非洲南部第一大河，河流发源于安哥拉东部高原，下游流经莫桑比克并注入印度洋。赞比西河在未开发利用前养育了 $12000km^2$ 植被群落，包括永久淹没的纸莎草沼泽、芦苇沼泽和牛轭湖以及季节性淹没的草原，是非洲南部最大的湿地系统之一。赞比西河下游三角洲区域为当地居民提供丰富的鱼类资源，推动发展渔业、糖业及农业生产，对莫桑比克的国民经济发展起到重要作用（Beilfuss 和 Davies，1999），1959 年卡里巴水电站以及 1974 年卡奥拉巴萨水电站在赞比西河中游及下游建设运行破坏了河流下游天然水文节律，加之下游防洪堤坝建设及多年国家内战消耗，当地生态系统遭到严重破坏（Tha 和 Seager，2008）。在 1959 年之前，赞比西河三角洲的洪水在 2—3 月达到高峰，并在 8—9 月期间消退，在 11 月达到最低值。在有数据记载的 28 年期间（1930—1958 年），三角洲地区的平均年洪峰流量约为 $9800m^3/s$，超过这一水位的洪水最长持续时间为 66 天，在记录的每一年，年洪水脉冲均大于满水位流量（约 $4500m^3/s$），最小流量发生的平均日期为 11 月 14 日，低标准差仅为 12 天，10 月的月均流量为 $736m^3/s$，11 月为 $620m^3/s$（Beilfuss 和 Brown，2010）。

在水电站建成之前，赞比西河流量充足，能维持河流结构功能的完整性。但是，随着水电站五台涡轮机的运行，赞比西河现在在大多数年份中都持续流出，这导致三角洲附近的枯水期排放量大幅减少，10 月和 11 月的流量水平分别为水电站存在前的 365% 和 435%，这意味着水电站的存在减少了河流流量的变化性，不再存在明显的高流量时期，水电站建成后的年平均最大洪水排放量约为水电站建成前的 39%，而满水位流量仅在少数年份发生（Beilfuss，2001），沿海沉积物也减少了约 70%（Hall 等，1977）。许多生物物理变化与流量特征变化相关，这些变化包括主干河道退化 1~2m，洪泛区地下水水位降低，木本热带草原和灌木植被侵入开阔的草原和湿地，废弃冲积河道的陆地化，耐盐草原物种取代淡水草原物种，以及沿海陆架和红树林群落的退化（Beilfuss 和 Davies，1999）。

2003 年，赞比西河三角洲南岸被《拉姆萨尔公约》确定为国际重要湿地，政府开始规划恢复当地生态环境，权衡各方用水关系，确定恢复河流健康的生态流量是改善赞比西河三角洲生态系统的重点工作。以往的水资源开发和管理规划重点考虑经济发展，但是忽略了开发工程对生态系统的影响，这也是当前研究工作需要考虑的问题（King 和 Brown，2006）。然而，要使这些信息具有建设性，就必须提供流量状况变化所产生的对水生生态系统的各种影响。其中有一个关键的挑战，就在于以非专业人员易于理解的方式给出生态流量的范围与相关解释，并将生态流量作为设计赞比西河下游生态系统保护方案的重要参考。

赞比西河下游生态系统保护工作的主要目标是利用现有数据和专家意见做到：①识别赞比西河三角洲地区用户之间关于流量要求的潜在冲突/权衡；②评估卡奥拉巴萨水电站不同生态流量释放对发电和总能源生产的影响；③通过将生态流量释放纳入卡奥拉巴萨水电站运行规则，探索改善赞比西河三角洲状况的潜力。政府部门选择采用 DRIFT 法针对生态流量进行评估，并将 DRIFT 法的评估结果作为水资源开发和管理战略的重要参考资料。

6.3.1 DRIFT 法建模

1. 建模前提

政府部门采用 DRIFT 法进行生态流量评估工作，首先提出三点假设：

（1）在一个长期的日流量水文数据集中可以识别和分离不同的流量模式。

（2）通过研究每日流量数据，可以分析和理解由于流量特定部分的变化而可能对自然环境产生的潜在影响（生物物理后果）。

（3）通过长期的每日流量水文数据集可以将流量状态的不同部分及其相关后果结合起来以描述不同场景下河流的整体状况。

其次，DRIFT 法是一种基于流量场景的生态流量整体研究方法，该项目中的 DRIFT 法利用两个多准则的方法，即多属性价值理论（multi-attribute value theory，MAVT）和整数线性规划。MAVT 方法用于评估流量变化对许多标准的相对影响。DRIFT 法中的评分（完整性评级）基于区间量表，该量表涵盖了与当前六个分数（0~5）相关的百分比变化。从 0~1 的分数变化被认为与从 4~5 分的变化同样重要，这意味着每个标准的流量变化得出的分数都采用共同的影响严重度等级，故它们具有可比性并能够比较和汇总。在此评分系统中，权重不是必需的，但如果需要表现出某些标准优先于其他标准，则可以分配权重以反映其相对重要性。

研究人员在完整性评级之后使用整数线性规划来创建流量制度，在实现特定水力发电水平的同时，最大限度地减少对某些标准的负面影响。因此，"目标函数"可以保证完整性评级的总和最大化，并且其中一个约束是目标水力发电量。简而言之，整数线性规划是一种用于找到系统变化的最佳组合以实现特定目标（在这种情况下，在仍能产生一定数量的水力发电的同时最大限度地减少负面影响）的方法。

该项目根据历史数据判断不同流量类别受卡奥拉巴萨水电站建设的影响程度，选取枯水期低流量、年均洪水以及 5 年一遇极端洪水作为三项重点水文过程类别用于生态流量评估。

项目中评估了不同类别指标的不同变化水平，包括变化幅度、持续时间和时间点的变化，其中涉及水文学和洪泛区水力学专家，他们对与每项指标变化水平相关的下游河流状况进行了建模，并开发了赞比西河三角洲水文模型（BEILFUSS 和 Brown，2006），将河流水文过程转化为三角洲平原的洪水深度和持续时间。

2. 指标选取

除枯水期低流量、年均洪水以及 5 年一遇极端洪水三项重点水文过程类别之外，研究人员还根据政府机构、环境保护组织及利益相关者意见选取 15 项指标作为生态流量评估标准，每一项标准都聘请专家就各种措施的后果提供意见。这些专家需要由同行提名，并且在赞比西河流域研究方面有丰富经验。

选取的 15 项指标以及其关键子成分见表 6-4，指标类别包括已确定的水资源用途或问题（用途指商业性农业、淡水渔业一类的正向内容，问题代表入侵物种控制等一类的负向内容），每位专家负责选择和分析各类水资源用于分析流量变化的指标，这些指标可以描述一系列与流量相关的具体变化。例如，在淡水渔业中，选择了四种鱼类（尖齿鲶、莫桑比克罗非鱼、曼氏野鲮、虎鱼），每种鱼类都有不同的生态要求和对流量变化的反应。研究人员可以从丰度、分布或范围等角度对不同指标变化情况进行定量描述以下内容：①河道整治前的状态；②现状；③该指标的期望目标状态。

表 6-4   选取的 15 项指标以及其关键子成分

水资源用途/问题	用于流量变化分析的指标
商业性农业	灌溉商品农业
小规模农业	雨养农业的粮食和经济作物、自然淹水水稻
河口生态与沿海渔业	浅水捕虾业、河口底鱼、红树林蟹、沿海水域的初级生产者
淡水渔业	尖齿鲶、莫桑比克罗非鱼、曼氏野鲮、虎鱼
畜牧业	牛
大型哺乳动物	非洲野水牛、非洲水羚、河马、平原斑马
水鸟	肉垂鹤、距翅雁、巨鹭、非洲剪嘴鸥
洪泛区植被	红树林、河岸林、纸莎草占主导的永久沼泽
入侵物种控制	棕榈树和金合欢稀树草原侵蚀、外来水生植物
自然资源可利用性	红树林、河岸树木、芦苇和纸莎草、棕榈
水质	沉积物、污染物、排放水体营养物、盐分入侵
地下水补给	洪泛区土壤和水体的补给
河道内航运	赞比西河货运干线
人类定居模式	对洪水变化的响应、对流量相关经济机会的反应
公共卫生	水媒传染病、疟疾

针对流量变化问题，研究人员还需要评估水文流量类别的每个子成分的不同变化水平，并描述这些变化是否将会导致响应指标的丰度、浓度、范围的增加或减少，该变化是使河流生态系统朝向或远离目标状况；严重程度评级分表见表 6-5，最后还需要根据表 6-5 给出该类流量变化的预测严重程度。

表 6-5   严重程度评级分表（King 等，2003）

严重程度等级	正向（＋）	负向（一）
0	无变化	无变化
1	0～19％贴近目标状态	0～19％远离目标状态
2	20％～39％贴近目标状态	20％～39％远离目标状态

续表

严重程度等级	正向（＋）	负向（－）
3	40％～59％贴近目标状态	40％～59％远离目标状态
4	60％～79％贴近目标状态	60％～79％远离目标状态
5	80％～100％贴近目标状态	80％～100％远离目标状态

　　该项目的专家组成员在莫桑比克马普托举行的研讨会上介绍了他们对赞比西河下游流量变化对生态系统的影响评估结果。研讨会的目的是确保 DRIFT 法得出的结果公开透明，易于他人理解，并可以被其他类似工程借鉴和应用。研讨会期间各方利益代表及决策者对研究结果进行了批评和必要修改，超过 100 名利益相关者出席了研讨会。

6.3.2　DRIFT 法场景预测

　　该项目在枯水期低流量研究中考虑了不同程度的变化，通过三种流量量级场景、两种持续时间场景、两种时间点场景（一年中的某一个月）进行评估，研究结果表明其中五个流量场景变化水平高于现状条件。流量量级场景根据大坝运行方式改变下游流量大小，对应运行中水轮机数量的变化，范围从四台水轮机（变化等级 1 和 2）到两台水轮机（变化等级 5）。持续时间和时间节点对应于枯水期后期（10、11 月）。

　　研究人员以年内洪水为例，从生态流量大小、工程调度时间及流量释放持续时间三方面设置 18 项场景，恢复年内洪水场景见表 6－6，应用 DRIFT 法模拟各项场景并根据生态流量评估指标变化情况完成生态系统完整性评价，结果如图 6－7 所示。

表 6－6　　　　　　　　　　　　恢 复 年 内 洪 水 场 景

变化等级	生态流量/($10^3\,\mathrm{m}^3/\mathrm{s}$)	时间/月	持续时间/周
1	4.5	12	2
2	4.5	12	4
3	4.5	2	2
4	4.5	2	4
5	4.5	12 2	8
6	4.5	2 3	8
7	7	12	2
8	7	12	4
9	7	2	2
10	7	2	4
11	7	12 2	8
12	7	2 3	8
13	10	12	2

续表

变化等级	生态流量/($10^3\,\mathrm{m}^3/\mathrm{s}$)	时间/月	持续时间/周
14	10	12	4
15	10	2	2
16	10	2	4
17	10	12 2	8
18	10	2 3	8

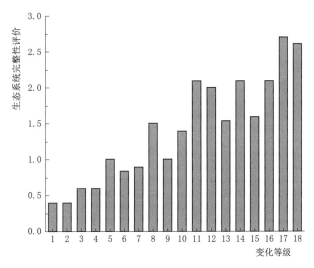

图 6-7　恢复年度洪水场景下生态系统完整性评价

研究结果表明，相比于恢复枯水期低流量及 5 年一遇极端洪水，通过卡奥拉巴萨水电站调度恢复年内洪水更有助于赞比西河下游生态系统修复。年内小洪水强度对河道内航运影响较小，还能为鱼类提供迁徙场所与刺激性产卵信号，为水栖动物创造新的觅食机会，调控洪泛区水位，提高河流生态系统自净能力。研究发现恢复 5 年一遇洪水对大部分生物指标具有改善作用，但对河道内航运、农业和商业等方面将造成一定影响。

根据赞比西河三角洲流量状态进行的水电建模研究结果发现，可以通过调整大坝运行调度方案改善流量状况，同时将对水力发电的影响降至最低。具体而言，该研究确定了一个流量范围，当水电站下泄流量维持在该范围以内时可以保证下游生态系统的健康状况且不减少年发电量。1907—2004 年期间来自赞比西河流域的模拟月流量与各项数值表见表 6-7。在所有模拟的年份中，97.3% 的年份中可满足变化等级 3 的雨季年生态流量，在这些年份中电力可靠性（满足或超过固定电力要求的总月数的百分比）为 97.8%，且该年的年发电量不会减少。大约 94.5% 的年份满足变化等级 7（12 月的 2 周排放量为 6200 m^3/s），稳定的电力保证率为 96.2%，年总能源产量仅减少 1.4%。从结果可以看出无须对赞比西河上游大坝进行联合管理即可实现预期结果，这意味着目前大坝的受监管流入量足以实现预期的结果（即赞比西河三角洲流量状况的改善，且不会对水力发电产生任何影响）。此外，通过使用水坝放水的最低阈值、采用新的平洪规则曲线来管理卡奥拉巴萨水电站的流出流量等方式，在对水力发电影响较小的情况下实现更高的目标流出流量。

表 6 - 7　　　　1907—2004 年期间来自赞比西河流域的模拟月流量与各项数值表

变化等级	目标流出量可靠性/%	基线流出量可靠性/%	电力可靠性/%	电力产生量/(GWH/a)	实际发电量占基线发电量比重/%
基线	—	—	98.4	14393	100.0
1	95.6	85.7	97.3	14333	99.6
2	94.5	58.2	96.7	14273	99.2
3	97.8	7.7	97.3	14407	＞100.0
4	97.8	7.7	97.1	14357	99.7
5	92.3	42.9	94.2	14083	97.8
6	95.6	2.2	95.1	14355	99.7
7	94.5	29.7	96.2	14186	98.6
8	89.0	2.2	92.9	13722	95.3
9	94.5	3.3	95.8	14064	97.7
10	91.2	3.3	92.5	13637	94.7
11	72.5	4.4	89.7	13112	91.1
12	78.0	1.1	83.9	12963	90.1
13	89.0	5.5	93.3	13801	95.9
14	78.0	0.0	90.9	13067	90.8
15	90.1	2.2	92.2	13612	94.6
16	83.5	1.1	90.0	12993	90.3
17	24.2	0.0	87.0	12575	87.4
18	25.3	0.0	68.0	12018	83.5

该项目研究还发现不同学科专家在恢复生态流量方面的意见冲突较少，由于对农业和航海用水供应、盐分排入以及淡水鱼类种群的担忧，大多数研究人员认为枯水期低流量减少对生态系统的影响为中性或负向。但是，改变某一流量状态的持续时间将为生物多样性的某些子成分提供一些系统可变性，例如非洲剪嘴鸥，它需要延长淡季的流量才能成功完成繁殖。低流量的年际变化，例如在特别干旱的年份，每隔 3～5 年就会出现枯水期流量减少的现象，将为该物种提供周期性的繁殖条件。

总之，相比于恢复枯水期低流量和 5 年一遇极端洪水，通过卡奥拉巴萨水电站调度恢复年内洪水更有助于完成赞比西河下游生态系统修复工作，而这些通过 DRIFT 法得出的研究结果将为赞比西河下游生态系统恢复提供有效途径，为中上游水利工程生态补偿调度方案的设计提供科学依据。

第7章　三种生态流量评价方法并行应用

下游对流量变化的响应法（downstream response to imposed flow transformation，DRIFT）、结构单元法（building block methodology，BBM）和流量-压力-响应法（flow stress or response method，FSR）是整体法中较典型的应用于河流生态环境保护的三种流量评价方法。本章内容将介绍 BBM、DRIFT、FSR 在布里德河流域的并行应用，分析三种代表性生态流量评价方法在应用方面的差异与优缺点。

7.1　研究背景及方法

1999 年 10 月，由南非 MBB、Ninham Shand 和 Jakoet 三家公司组成的合资企业，任命南部水生态研究和咨询中心（Southern Waters）确定布里德河流域主要河流的生态保护区的流量组成。这项研究是 1999 年 8 月受南非水务、林业部（Department of Water Affairs and Forestry，DWAF）委托进行的布里德河流域大范围研究的一部分。MBB – Shand – Jakoet 合资企业是研究的首席顾问。南非水研究委员会（the Water Research Commission，WRC）和水务、林业部同意在布里德河设定研究断面并提供经费资助研究团队采用下游对流量变化的响应（DRIFT）法（Brown 和 Joubert，2003）、结构单元（BBM）法（King 和 Louw，1998）以及流量-压力-响应（FSR）法（O'Keeffe 等，2002）三种流量评价方法平行应用评估当地生态流量特征。

7.1.1　研究目标

（1）使用相同的专家和数据，将 BBM 法、DRIFT 法和 FSR 法三种环境流量评估方法应用于同一河流系统。

（2）向所有参与这项工作的人员提供有关这三种环境流量评估方法的性质和最新研究进展。

（3）评估每种方法的优缺点并对各种方法得到的结果进行对比分析。

（4）实施并对各种方法提出相应的研究展望。

（5）对三种方法的耦合应用提供相关意见，总结三种方法的应用条件。

7.1.2　研究方法

1998 年颁布的《南非共和国水法》中要求对河流保护区域进行评估的相关研究（包括为人类基本需求和保护相关水体制定水质和水量要求）涉及的评估水体应该包括河流、

湿地、湖泊、河口、地下水和蓄水池。BBM 法、DRIFT 法和 FSR 法这三种方法都是为评估河流生态保护区适宜生态流量而设计的。

对生态流量进行评估与计算的研究结果可用于多项河流开发与管理工作中,如管理河流生态系统的状况,考虑新的水资源开发项目下(如建大坝)的退化河流修复方案,或在有待开发的规划区域可能会出现河流生态流量评估需求。为有效解决各项水资源开发及管理问题,生态流量评估工作应该提供多种流量场景供水资源管理者考虑。每种流量场景至少应包括河流的潜在流态及其对河流状况和河流可用水量的影响。

DRIFT 法和 BBM 法是两种全面的环境流量整体评估方法,这两种方法主要应用在南非河流生态流量评估研究及水生态保护工作中。FSR 法是一种半整体的生态流量评估法。这三种方法都可以用于预测河流生态系统在河流流量及水文过程被人为干扰时发生的变化。这些方法也可以用来了解这些河流变化对河流资源使用者的影响程度。

BBM 法和 DRIFT 法是整体评估方法,这两种方法主要用于:

(1) 处理河流的生物和非生物特征关系。

(2) 模拟分析河流生态系统的任何相关部分:河道、河岸、河漫滩、河口、相关的湿地和地下水。

(3) 将河流水文过程划分为不同流态,如区分高流量和低流量,丰水期及枯水期等。

(4) 两种方法的应用均涉及多个学科的专家共同参与,包括:

1)水文学。

2)水力学。

3)河流地貌学。

4)沉积学。

5)水化学。

6)植物学(河岸植物、边缘植物和水生植物)。

7)动物学(鱼类、水生无脊椎动物、水鸟、水生哺乳动物和微生物)。

8)社会学(在 DRIFT 法社会学模块由一个完整的团队参与研究,该团队由社会学家、人类学家、供水专家、人类健康医生、家畜兽医和资源经济学家组成)。

FSR 法属于半整体的生态流量评估法,与 DRIFT 法、BBM 法相比具有一些相同的属性,但不完全相同。

7.2　BBM 法、DRIFT 法和 FSR 法的研究步骤

在这三种方法中,专家收集关于河流的流量及相关的生态数据,作为生态流量评估的前期工作。应用这三种方法评估生态流量时都会经过 5 项步骤了解河流受人类影响前以及目前的状态。之后应用三种方法预测河流生态系统随流量变化产生的响应情况。专家学者可在流量评估研讨会或类似活动中就预测结果的合理性进行沟通交流,整个团队将根据不同方法对应特点描述河流流量和生态系统响应之间的联系。以下五步资源导向措施(resource directed measures,RDM)过程可总结如下:

第 1 步:研究整体规划

在该步骤下研究团队需要讨论确定研究区域的范围，包括划定研究区域、设置保护区及相应的保护级别、保护区的水生生态系统范围（例如河流、地下水、河口和湿地）和确定研究小组的人员组成。

第 2 步：定义资源单元并选择代表性监测断面

这一步包括河流生态系统生态类型划分和分区评估，评估结果有助于了解河流的性质，并指导监测人员选择典型断面。该步骤中研究团队还可以进一步评估栖息地完整性，评估结果有助于选择监测断面和了解河流的性质。BBM 法、DRIFT 法、FSR 法都是基于监测断面的数据分析，使用沿河的代表性或关键监测断面来表示整个河流的情况。这些监测断面收集和分析的数据，有助于专家分析整条河流的生态系统健康状况。

第 3 步：定义生态类别，并推荐一个生态类别

研究团队根据基础数据资料定义目标河流的参考流量状态（reference condition，RC）、当前生态状态（present ecological state，PES），PES 变化轨迹以及生态重要性和敏感性（ecological importance and sensitivity，EIS）。PES 和 EIS 组合分析可用于预测河流未来的生态类别，同时可以根据不同保护目标及拟定的水资源开发利用方案生成推荐的生态类别和各种其他类别的流量场景。流量场景开发及生态系统变化预测是生态流量整体法（即 BBM 法、DRIFT 法或 FSR 法）的应用核心。与 BBM 法相比，DRIFT 法和 FSR 法的研究结果具备更高的一致性，同时可以提供更详细的备选方案。因此，无须重新召集专家小组分析讨论即可生成不同方案下河流生态类别的预测结果。BBM 法要求在额外的专家研讨会上对每个新场景的生态类别预测结果进行单独讨论。

第 4 步：保护区具体要求

由水务和林业部确定。

第 5 步：实现设计规划

由水务和林业部确定。

7.3 BBM 法、DRIFT 法和 FSR 法的不同之处

应用三种方法执行以上五项步骤的顺序及内容基本一致，不同之处在第 3 步。具体如下：

7.3.1 BBM 法

BBM 法是在 1990—1994 年期间根据水务和林业部的要求设计的，该方法主要根据不同类型流量的大小、频率、时间和持续时间来定义生态流量。水务和林业部还要求所有推荐的生态流量都要合理。在这一阶段，没有适当的方法来评估一条河流未来的状况，以往的生态流量评估方法很少涉及预测河流在不同条件下的状态或分析流量和生态系统健康状况之间的联系。为了解决这一问题，相关领域专家学者提出为目标河流推荐一个最佳可行生态条件，并确定一个有助于实现和维持这一目标的流态。这种推荐的生态条件被称为生态类别（ecological category，EC）。BBM 法在此背景下被开发并应用于确定河流生态系统保护工作中的目标生态类别及计算生态流量。研究结果经过多方专家及相关利益方讨论分析最终成为社会认可的管理方案。

基本上，BBM 法以河流的自然 RC 和 PES 的流量状态作为出发点。根据现场调研及已有的数据资料确定目标河流适宜的生态流量对应的水文过程，确定生态类别，并描述实现推荐生态类别所需要的河流流态。水文过程遵循时间序列，按照不同的流量需求依次设定，如特定大小的洪水、一年中特定时间的淡水或低流量。所有增加的流量都是基于它们所能维持的生态特性。在不考虑驱动因素的前提下无法添加流量分量，因此模拟得到最终的流量状态在总量上会略低于实际情况。不同大小的河流可能以许多我们尚不了解的方式维持河流稳定，因此维持流量稳定的因素有待进一步探究。

随着研究深入及各类流量驱动因素受到研究团队的重视，BBM 法得出的生态流量结果显然不适合作为水资源开发利用方案设计的参考。为满足不同的用水需求及河流保护目标，避免单一目标下计算的流量状态无法满足其他用水需求，专家学者需要开发辅助工具满足多项流量场景同时模拟研究。桌面模型在此背景下应运而生，该模型具备存储功能，可有效对比多种生态类别对应的水文情况对生态系统的影响。

1. BBM 法优点

（1）应用该方法得到的结果在生态保护区方面符合水务和林业部的要求。

1）生态流量的定义：包括规模、持续时间、频率和时间。

2）所有推荐的生态流量都针对特定的保护目标。

（2）该方法可用于定义特定河流状态或目标的河流状态。

（3）专家小组就建议的流量制度达成共识。

（4）该方法可以通过桌面模型链接产生场景。

（5）在对河流未来状况存在普遍共识的情况下，该方法可以用于水资源的区域规划。

（6）该方法可以结合任何有关河流的知识。

（7）该方法有一个全面的手册辅助应用（King 等，2000）。

2. BBM 法缺点

（1）BBM 法一旦确定了推荐的生态需水量，就会使用桌面模型生成替代的生态类别场景，缺少生态环境与流量变化之间响应关系的分析。

（2）BBM 法比其他方法更主观，研究结果容易受到个别专家思维方式的影响。

（3）由于某一特定流量与其合理性之间存在直接联系，专家们在研讨会期间面临着减少其建议流量的压力。

（4）桌面模型产生的可选流量状态不能用于进一步校准模型（研究结果存在一定随机性）。

（5）应用该方法最终得到的各项流量场景都包含有具体的流量需求，因此各项流量场景下的分析结果往往与流量需求相对应，无法有效预测缺少某类流量产生的后果。

（6）需要在额外的专家研讨会上单独评估备选流量方案的生态后果。

3. 桌面模型

桌面模型提供了低置信估计的河流生态保护区数量组成。它是通过根据需要进行一些非常迅速的估计而制定的，在这种情况下，保护区数量组成不适合采用更详细的中间或综合方法确定。当一个流域的水资源开发程度相对较低，且预计对保护区和用水者的要求之间没有严重冲突时，可能会出现上述情况。或者在选择地点进行更密集、更高置信度的估计之前，需要一种快速的方法来确定流域中可能存在的问题区域。桌面模型主要基于使用 BBM 法评估的过去生态流的一般区域划分。因此，人们认识到，桌面模型方法可能会产生造成对保护区估计不足或过高的特定场地生态或地貌因素。

该方法包括四个主要步骤：

（1）利用流量变异性水文指数与年度环境需水量之间的关系判别不同生态类别。

（2）利用基本流量贡献的区域化季节分布，将年总量划分为三个组成部分（平水期高流量、平水期低流量和枯水期低流量）。

（3）使用区域化的百分比保证曲线来说明每月平水和枯水期出现的频率关系。

（4）使用参考流量时间序列，生成具有代表性的月流量时间序列，提供气候线索，以确定枯水期和最大流量期所需流量。

7.3.2　DRIFT 法

为解决 BBM 法在生态流量研究中没有满足的两个公认的需求：①产生针对不同研究目标或不同水资源开发利用方案的流量场景；②研究结果包含关于河流资源基本使用的结构化和定量化信息。专家学者在 1996 年提出了 DRIFT 法，该方法以河流的自然状态和现状为出发点，重点描述河流生态系统随流量变化的响应情况。研究团队可通过文献检索和现场收集资料将目标河流水文过程划分为 10 个流量类别（枯水期低流量；丰水期低流量；4 个级别的年内洪水；4 个级别的年际洪水）并进行评估与分析。流量类别的统计数据包括每个季节的低流量范围，以及每种洪水的平均次数、持续时间和大小。这些统计数据有助于专家了解导致各研究断面生态系统发生响应变化的原因。研究团队通过一系列理论上的减少或增加每一种流量类别的数量或大小，预测河流生态系统将如何随着每一种流量的变化而改变。所有的流量变化情况都作为流量场景输入到一个定制的数据库中，之后可以查询这个数据库来描述未来任何可能发生的流量过程如何改变河流生态系统。一旦填充数据库，就可以非常快速地生成任意数量的流量场景，并详细预测及量化河流未来的变化（例如，随着四级洪水从每年 6 次减少到每年 3 次，特定河岸植物群落将减少其当前范围的 20%～40%，而如果四级洪水完全消失，同一植物群落将减少 70%～90%）。使用 DRIFT 法涉及的每一种流量场景都描述了一种可能的未来流量状况，每个流量场景对应一组河流水文过程及相应的流量状态，为利益相关者群体、宏观经济分析以及最终的政治决策提供了多种详细的选择。在应用 DRIFT 法评估生态流量的过程中，经过 7.2 节提到的五项步骤之后则是选择其中一种流量场景成为河流的理想条件，其流态成为水资源开发管理方需要保证的河流生态流量。当 DRIFT 法作为资源导向措施（resource directed measures，RDM）过程的一部分应用时，专家团队会推荐其中一个流量场景作为 EC。

DRIFT 法可用于多种类型的河流项目研究中，如：①用于指导潜在水资源开发利用项目方案的决策，水资源开发利用项目主要涉及当地政府运用水利工程从河流系统中抽取及利用水资源；②用于河流修复项目，该类项目主要是应用 DRIFT 法设计出更利于维护对生态系统健康状况的河流变化场景；③用于定义满足特定要求的水流生态系统目标；④用于区域规划（如划定某河流域研究的其中一部分场地）。

DRIFT 法总共由 4 个模块组成。如上所述，生物物理小组的数据收集和分析活动构成了第 1 个模块。模块 2 在资源使用和健康水平方面提出了河流和使用河流水资源的人类社会之间的关系。模块 3 利用模块 1 和模块 2 的数据基础及关系链,生成一系列流量场景并分析得出各场景下的流量变化对河流生态环境及周边社会发展的影响。模块 4 详细说明了不同流量场景下河流流量变化造成的经济影响。当河流周边不涉及人类聚集地时,模块 2 和 4 可以省略。目前 DRIFT 法的许多部分现在已经在实现自动化,所需资源导向措施格式生成的水文数据已并入水文软件中。

1. DRIFT 法的优点

(1) DRIFT 法产出结果和在生态保护方面的应用原则符合水务和林业部的要求。生态流量的定义包括规模、持续时间、频率和时间。

(2) 所有建议保留的流量状态都是通过模拟缺少该河流状态的后果而产生的。

(3) 一旦填充了数据库,可以应用 DRIFT 法快速、轻松地生成任意数量的流量场景。

(4) DRIFT 法大部分过程是自动化的,带有定制的软件。

(5) DRIFT 法可以用于区域规划、项目规划、流量恢复、定义流量以实现既定目标或一般的河流规划。

(6) DRIFT 法提供了河流资源维持生计使用的定量数据。

(7) DRIFT 法可以结合任何有关河流的知识。

(8) DRIFT 法设计的每个流量场景都提供了对生态系统变化的详细预测,可用于监测方案的目标设定。

(9) DRIFT 法作为水研究委员会(WRC)资助的一个项目(筹备中的南部水域)的一部分,已编写了一份全面的应用该技术的手册。

(10) DRIFT 法独立于桌面模型,产生任何选定数量的场景,将分类与生态流量需求联系起来,这些场景可用于校准桌面模型。

(11) 如果环境中约定的水量不能按建议的时间分布输送,例如,如果大型年际洪水不能通过大坝释放,它可以预测河流状况将如何受到影响。

(12) 来自专家的所有响应分析都永久记录在 DRIFT 法数据库中,使得未来的操作(例如,从数据库中导出类似响应关系)更加方便快捷。

(13) DRIFT 法研究过程是客观和透明的,专家的早期活动没有侧重于推动具体的流量制度,而是解释不提供不同数量和/或流量分布对生态系统的影响;在场景开发阶段,流量及其分布情况与河流状况相关联,这是一个单独的运用,避免了专家可能会建议的低流量压力。

(14) DRIFT 法已得到广泛的审查和国际上的承认。

2. DRIFT 法的缺点

(1) DRIFT 法应用起来比较复杂。

(2) 专家学者通过经验预测流量减少的程度和范围是有限的;这些减少级别可能与构建流量场景时所需的级别不匹配。

(3) DRIFT 法适合具有可预测流量状况的河流。

7.3.3　FSR 法

FSR 法与 BBM 法关联度较高。在流量评估研讨会上,BBM 法的主要部分被 FSR 法取代。FSR 法使用与 BBM 法或 DRIFT 法相同的生物物理数据和信息输入来描述河流生态系统如何响应低流量减少所造成的生物压力。因此，它被用于评估场景的构建阶段，履行与 DRIFT 法中模块 3 的低流量组件相同的角色。

FSR 法描述河流对减少低流量的响应是基于以下假设：河流中的水力条件可以作为水生群落感受到的压力程度的替代物。该压力等级为 0～10，最小的压力与最高的低流量有关，而最大的压力与最低的低流量有关。随着流量的减少，水位和流速也会降低，许多其他物理和化学变量也会受到影响，并对依赖水流的水生物种造成损害，河流流量变化造成的压力水平将相对于它们在自然条件下的压力水平发生变化。每个物种的压力水平都与特定的范围相关联，因此，日流量的时间序列可以转换为压力水平的时间序列，以显示不同流量大小、频率和持续时间造成的压力水平对物种的影响程度。由此可以得出不同物种适宜的压力水平以及对应的流量大小、持续时间和频率。附加时间序列代表不同的流动场景，将产生不同形状的压力—持续时间曲线，这些曲线可以相互比较。最重要的是，与系统的自然压力特征相比较，任何潜在压力状态的可取性都是由其偏离自然压力状态的程度来判断的。该方法的三个主要步骤是：

（1）使用具有代表性的物种，专家将研究地点不同范围的低流量分配至 0 到 10 的压力水平。

（2）将这些压力水平与几个流量场景相联系，从而产生压力持续曲线（即流量状态转化为压力状态）。

（3）根据压力持续曲线的形状将生态类别分配到每个流量及压力场景。

1. FSR 法的优点

（1）它在生态保护区低流量产出方面符合水务和林业部的要求：低流量的定义包括规模、持续时间、频率和定时。

（2）一旦填充了数据库，它可以快速、方便地生成任意数量的场景。

（3）该过程的大部分是自动化的、带有定制条件的软件。

（4）如果无法满足建议的流量时间分布，FSR 法可分析得出河流的情况以及可能会发生怎样的变化。

2. FSR 法的缺点

FSR 法只关注低流量，不能用于分析高流量事件。

7.3.4 三种方法的总结

DRIFT 法创建场景，指出每个场景的生态类别，并将所有这些提供到利益相关者会议中。决策者根据最终选择的流量场景确定了河流的管理类别。这一进程应在充分征求公众意见并考虑到更广泛的宏观经济影响之后进行。换言之，理想的河流状况不是预先确定的，而是在所有审议结束时以协商一致或政治决定的方式出现的。

BBM 法定义了河流生态系统不同的生态状态，即生态类别，并推了一种生态类别，描述实现该生态类别所需要的流量过程，并用它来校准模型。在研讨会上衍生出其他方案。

FSR 法将大部分 BBM 法低流量评估过程替换为 FSR 法评估方法。一般压力指标的应用描述了原始河流条件下的压力模式，以及这种模式如何随着未来的流动情况而变化。

总之，所有这三种方法都被设计出来，或者被结合起来应用，可以用于生成一系列流量场景和每种场景的生态类别。

7.4　水文资料准备

BBM 法、DRIFT 法与 FSR 法三种方法在早期水文资料编制阶段有明显的差异。然而，三种方法在水文数据的处理上存在一个共同的特点，即都将水文过程区分为高流量和低流量。BBM 法和 DRIFT 法将水文过程划分为高流量和低流量，而 FSR 法本身只处理水文过程中的低流量部分，但该方法可以在 BBM 法框架内使用 DRIFT 法洪水类别来提供高流量的处理意见。

7.4.1　BBM 法

若研究区域内当地相关机构能提供基础数据，BBM 法使用自然的每日时间序列以及当前的每日时间序列。如果没有可靠的每日数据，则使用归一化数据和当前月度数据。使用可用的最长时间流量记录。

7.4.2　DRIFT 法

DRIFT 法使用每个监测断面测量或模拟的 30 年或 30 年以上的逐日流量时间序列。如果当前的流态与自然流态明显不同，则使用两个相同时间段的模拟时间序列：①自然流态；②当前流态。这两种方法都以同样的方式进行分析，以了解河流的当前的状况。高流量过程从水文时间序列图中提取，并使用定制软件分配到八个等级中的一个。

(1) 20 年一遇的洪水。

(2) 10 年一遇～20 年一遇的洪水。

(3) 5 年一遇～10 年一遇的洪水。

(4) 2 年一遇～5 年一遇的洪水。

(5) 年内洪水Ⅳ级（从 2 年一遇的洪水流量的一半到 2 年一遇的洪水流量）。

(6) 年内洪水Ⅲ级（范围的上限是Ⅳ类范围上限的一半）。

(7) 年内洪水Ⅱ级（范围上限为Ⅲ类范围上限的一半）。

(8) 年内洪水Ⅰ级（范围的上限是Ⅱ类范围上限的一半）。

剩余的低流量被分配到任意数量的选定季节（通常是一个雨季和一个枯水期）每个低流量季节的流量持续时间曲线说明了该季节所经历的流量范围。

专家使用流量成分将水文过程划分为不同流态并统计描述各流态对物种或河道的物理特征影响，同时预测物种及河道特征如何随流量的变化而变化。

7.4.3　FSR 法

应用 FSR 法时前期对水文资料的需求与 BBM 法类似，在此不予赘述。

7.5　流量评估

在资源导向措施 RDM 第 4 步和第 5 步中，每种方法都包括一个或多个专家研讨会，在研讨会上，生物物理小组利用所有可用的数据和分析结果，就水流状况和河流状况之间的联系提出相关意见。专家研讨会期间采取的步骤如图 7-1 所示，其中所描述的工作内容主要在研讨会期间及研讨会之后开展。图中实线箭头表示按时间顺序推进各内容（BBM 法中的高流量结构单元与 FSR 法有连接线是因为 FSR 法只关注低流量，因此高流量的计算需要借助 BBM 法）。虚线表示研讨会。虚线箭头表示非研讨会部分与研讨会部分的联系。

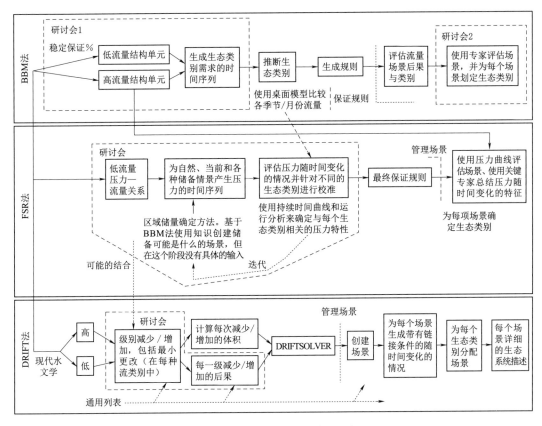

图 7-1 专家研讨会期间采取的步骤

7.5.1 BBM 法评估步骤

对于推荐的生态类别（ecological category，EC），BBM 法流量评估过程如下。

1. 设定流量状态

（1）由专家给出平水年和枯水年低流量和高流量的要求。

（2）计算推荐的平水流量状态的百分比保证率。

（3）为推荐的时间序列创建了保证规则，以说明各时间段应该出现在监测断面上的流量。

（4）专家评估研究结果是否可以接受。

2. 设置流量场景

（1）使用桌面模型对推荐生态类别生成的流量数据进行校准，并用于确定分配给生态

113

类别的水量中高于推荐生态类别的水量和低于推荐生态类别的水量。只有当流量全年以最佳模式分布时，才使用 BBM 法推荐的生态类别流量。例如，如果推荐的生态类别为 C 类，则桌面模型将用于生成类似的流量状况，该流量状况中流量分配情况类似，但总径流量不同，检验河流生态类别是否保持在 C 类，当流量场景评分都为 C 类时，代表推荐生态类别生成的流量符合要求，否则推荐的流量还有待改善。

（2）为每个时间序列创建保证规则，以说明应该在监测断面上显示哪些流量。

（3）设定流量场景，通常是在第二个研讨会上，专家们为每个场景分配一个生态类别和对河流生态系统的描述。

7.5.2　DRIFT 法评估步骤

DRIFT 法评估步骤可用于流量减少及流量增加的地方。

（1）低流量范围可分为四个等级，专家记录了每次流量变化后河流生态系统将如何变化。这些流量变化事件是被单独考虑的，这样更改方案就可以单独输入到数据库中并进行独立操作。

（2）各洪水等级年内洪水次数减少 4 次，专家记录每次减少河流如何变化。同样，所有的更改方案都被输入到数据库中。

（3）专家记录了大洪水的生态意义，以及在没有大洪水的情况下会发生的变化并将分析结果输入数据库。

（4）计算每个流量减少所涉及的水的体积，并将其与相关时间段流量的减少量连接到数据库中。

（5）在与管理层的讨论中，商定了一些方案。每个流量场景都是通过从数据库中选择与之最匹配的高流量和低流量减少的组合来创建的。

（6）对于每个创建的流量场景，都会生成一个带有保证规则的时间序列，以及关于河流从现在起将如何变化的信息。这为监测方案提供了具体的衡量标准。

（7）为每个流量场景分配一个生态类别。

7.5.3　FSR 法评估步骤

应用 FSR 法的过程如下（O'Keeffe 等，2002）。

（1）对研究河流的选定地点进行调查，描述研究范围内的水力生境（深度、流速和湿周）基本情况。

（2）由专业生态学家将一般压力指数应用于每个地点，以绘制一个或多个临界流量相关物种或群体的压力曲线。曲线描述了流量变化与压力的关系。

（3）当产生一个以上的压力曲线时，这些曲线可以结合在一起形成一个单一的临界曲线，该曲线是基于任何物种/群体在任何流量时的最高压力。

（4）当河流物种及生境质量受季节性变化影响较大时，可能适合在不同的季节开发不同的压力曲线，例如，相同的流量在炎热和寒冷的季节可能有不同的压力含义。在这种情况下，应该单独使用这些曲线来生成季节压力曲线。

（5）水文专家使用临界压力曲线将自然和任何其他流量时间序列（例如当前或其他选择的场景）转换到一个压力时间序列。

（6）所产生的压力时间序列用压力持续时间曲线进行分析或替换分析，以提供描述目标生物体/组件在流动情况下所经历的压力水平的大小、持续时间和频率的概况。

（7）绘制自然压力分布图为评估不同水流情况下生物物理压力的相对变化提供了参考。

（8）生态学专家评估压力增加（或减少）的严重性，描述生态后果，并根据其影响对场景进行排序。排序的目的是与自然压力状态相比，确定压力曲线对生物群和栖息地施加的胁迫差异最小的场景。

7.6　河流水质

根据监测断面的水质报告，可获取河流水质情况。

7.7　相对成本

BBM 法、DRIFT 法和 FSR 法应用的时间要求见表 7-1。表 7-1 详细列出了 BBM 法、DRIFT 法和 FSR 法的数据获取、整理和分析所需的时间。所需时间的设定主要基于以下事项：

（1）河流长度及生态流量监测断面数量。

（2）路程时间排除在外。

（3）支出排除在外。

（4）有限的生物信息。

（5）完整的每日水文资料。

（6）项目范围的航拍照片可用。

（7）仅考虑河流数量生态保护区。

（8）每个阶段的时间相似。

（9）专家团队包括一位鱼类学家、一位无脊椎生态学家、一位植物学家、一位地貌学家、一位水文学家、一位水力模型专家、一位协调人和报告人。其中一位专家还负责栖息地完整性评估。

（10）假设保护区水体质量影响河流整体水质。

（11）水务和林业部的生态区域分型。

（12）生境完整性。

（13）每个监测断面设定三个横截面。

（14）生活部分未计算入成本中。

（15）不包括资源经济学。

（16）BBM 法成本假设只会产生三种情况。

（17）没有系统分析预算。

（18）项目管理时间不包括在内。

表 7 - 1 **BBM 法、DRIFT 法和 FSR 法应用的时间要求**

任 务	BBM 法		DRIFT 法		FSR 法	
	小时数	天数	小时数	天数	小时数	天数
1. 管理						
管理时间	无法估量					
2. 规划会议						
协调员	8	1	8	1	8	1
水文	8	1	8	1	8	1
水利工程师	8	1	8	1	8	1
地貌	8	1	8	1	8	1
植被	8	1	8	1	8	1
鱼类	8	1	8	1	8	1
水生大型无脊椎动物	8	1	8	1	8	1
服务商	8	1	8	1	8	1
3. 划定研究区域和选择研究地点						
3.1 河流分类	16	2	16	2	16	2
3.2 栖息地的完整性						
准备	20	2.5	20	2.5	20	2.5
飞行	8	1	8	1	8	1
分析的数据	32	4	32	4	32	4
3.3 选址						
协调 (包括报告)	24	3	24	3	24	3
水利工程师	16	2	16	2	16	2
地貌	16	2	16	2	16	2
植被	16	2	16	2	16	2
鱼类	16	2	16	2	16	2
水生大型无脊椎动物	16	2	16	2	16	2
4. 数据采集 (水力学除外)						
4.1 调查一						
地貌			16	2		
植被			32	4		
鱼类			32	4		
水生大型无脊椎动物			16	2		
4.2 调查二						
植被			24	3		
鱼类	16	2	16	2	16	2
水生大型无脊椎动物	8	1	16	2	8	1

任　务	BBM 法		DRIFT 法		FSR 法	
	小时数	天数	小时数	天数	小时数	天数
沉积物运移模型	16	2	16	2	16	2
5. 数据收集（水力学、测量、生境模型）						
5.1　调查						
水力工程师/测量员（2 个场地正常测量 2 天，2 个场地生境模型测量 3 天）	40	5	40	5	40	5
地貌	16	2	16	2	16	2
植被	16	2	16	2	16	2
5.2　水力校核（3 个以上选址）						
水利工程师	48	6	48	6	48	6
协调员（监测断面照片检查）	48	6	48	6	48	6
6. 生态保护区分类						
6.1　数据分析						
地貌（航拍图分析）	16	2	16	2	16	2
植被（航空图分析）	16	2	16	2	16	2
鱼类	16	2	16	2	16	2
水生大型无脊椎动物	16	2	16	2	16	2
水文	16	2	16	2	16	2
协调员	16	2	16	2	16	2
6.2　社会/文化/生存使用重要性						
无法估量						
6.3　专家会议						
协调员	8	1	8	1	8	1
水文	8	1	8	1	8	1
地貌	8	1	8	1	8	1
植被	8	1	8	1	8	1
鱼类	8	1	8	1	8	1
水生大型无脊椎动物	8	1	8	1	8	1
主持人	8	1	8	1	8	1
记者（参与及报道）	24	3	24	3	24	3
7. 生态流量测定						
7.1　数据整理、分析、报告						
协调员	32	4	32	4	32	4
水文	40	5	40	5	40	5
水力	80	10	80	10	88	11

续表

任 务	BBM 法		DRIFT 法		FSR 法	
	小时数	天数	小时数	天数	小时数	天数
地貌	16	2	32	4	24	3
植被	16	2	32	4	24	3
鱼类	16	2	32	4	24	3
水生大型无脊椎动物	16	2	32	4	24	3
7.2 专家会议						
协调员	24	3	24	3	16	2
水文	24	3			16	2
水力	24	3	24	3	16	2
地貌	24	3	24	3	16	2
植被	24	3	24	3	16	2
鱼类	24	3	24	3	16	2
水生大型无脊椎动物	24	3	24	3	16	2
主持会议	24	3	24	3	16	2
报告者（参与及报告）	80	10	72	9	80	10
协调员—后研讨会分析			8	1		
8. 方案评估						
协调员	8	1	16	2	16	2
水文	8	1			24	3
水力	8	1				
地貌	8	1			2	0.25
植被	8	1			2	0.25
鱼类	8	1			2	0.25
水生大型无脊椎动物	8	1			2	0.25
服务商	8	1				
报告者（参与及报告）	16	2				
总计	1196	149.5	1300	162.5	1140	142.5

注　水质专家不包括在内，因为方法仍在更新，因此时间和人员要求没有标准化。BBM 法和 DRIFT 法应用的成本是相同的。

表 7-1 显示各方法涉及的工作内容和时间成本非常接近。

7.8　输出结果比较

由于 FSR 法输出结果仅包括低流量情况，因此本节主要比较 BBM 法和 DRIFT 法输出结果情况。将两种方法应用于布里德河生态流量研究中的三个地点，包括地点 1（布里德河穆伊普拉斯断面）、地点 2（墨累河图瓦地区）和地点 3（布里德河下游）。BBM 法和

DRIFT 法的输出结果可以根据生态流量所需的总水量来比较，其百分比可以是自然流量，也可以是当前流量。

按年平均径流量（mean annual runoff，MAR）百分比水平进行比较的过程如下：

（1）BBM 法报告中指出了研究河流的长期生态类别。

（2）BBM 法报告中详细列出了研究断面的生态流量情况，其中描述了达到目标生态类别所需要的流量（其他情况仅是使用桌面模型从原来的流量情况推断出的进一步流量情况）。

（3）BBM 法报告中将与目标生态类别相关的流量定义为自然和当前年平均径流量的百分比。

（4）DRIFT 法输出结果为每个监测断面提供了三个详细且独立的场景，各项场景选择了与 BBM 法中相同目标的生态类别。

（5）所选的 DRIFT 法涉及了是否包含年际洪水的两组结果。

（6）DRIFT 法报告中定义生态流量为自然和当前年平均径流量的百分比。

在三个不同目标条件的地点，BBM 法和 DRIFT 法应用作为所需的环境流动所量的年平均径流量百分比的比较见表 7-2。

表 7-2　在三个不同目标条件的地点，BBM 法和 DRIFT 法应用作为所需的环境流动所量的年平均径流量百分比的比较

监 测 断 面	目标 EC	年 总 量			占平均年径流量百分比/%		
		BBM 法	DRIFT 法		BBM 法	DRIFT 法	
			Ⅰ	Ⅱ		Ⅰ	Ⅱ
布里德河穆伊普拉斯断面	D	102	169	116	30	49	34
墨累河图瓦地区	B	79	82	66	50	53	41
布里德河下游	B/C	553	597	379	32	35	22

注　Ⅰ为包括年际洪水事件；
　　Ⅱ为不包括年际洪水事件。

DRIFT 法和 BBM 法输出结果之间的差异主要体现在处理年内洪水的方式上。布里德河 1 号断面的月流量如图 7-2 所示，布里德河 2 号断面的月流量如图 7-3 所示，布里德河 3 号断面的月流量如图 7-4 所示，两种方法对每个地点的低流量要求几乎相同，年内洪水要求相同，使得年内洪水成为唯一可能影响数字的其他主要流量类别。在布里德河生态流量评估项目中，DRIFT 法明确包括所有年际洪水需求，直至所用水文记录的长度（通常约 20 年）。BBM 法明确包括所有年内洪水，但没有包含年际洪水情况。数据显示，与 BBM 法输出结果相比，丰水期 DRIFT 法输出结果包含更大的流量。此外，

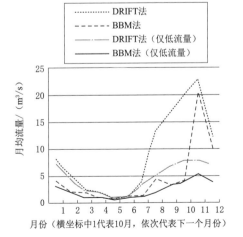

图 7-2　BBM 法和 DRIFT 法（包括年际洪水事件）：布里德河 1 号断面的月均流量

DRIFT 法与 BBM 法定义第一年的 10 月至来年的 9 月为一个完整水文年，因此图 7-2～图 7-4 中横坐标从 10 月开始分析。

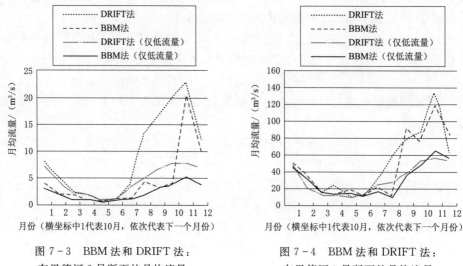

图 7-3　BBM 法和 DRIFT 法：
布里德河 2 号断面的月均流量

图 7-4　BBM 法和 DRIFT 法：
布里德河 3 号断面的月均流量

　　两种方法定义低流量类型的流量大小不同，1 号监测断面的 DRIFT 法输出结果低流量高于 BBM 法。监测断面 1 的研究目标是在推荐的生态流量下改善预期的河流状况，两种方法定义丰水期低流量对实现这一目标的重要性方面有所不同。为了进一步研究这一点，使用 BBM 法结果中所需的低流量水平为该监测断面创建了一个附加 DRIFT 法场景。研究表明，该断面所代表以 D 类生态类别为改善目标是可行的，但当流量进一步减少时，该地区生态类别有很高风险从 D 类降为 E 类。

7.9　研究结果与目标区域所需流量的兼容性

　　研究团队考虑了关于综合三种环境流量评估结果的方法，产生可用于进一步水资源分析的共同结果。水资源产量模型（water resource yield model，WRYM）是南非常用的确定水资源系统产量的模型，并且已经包含了一种求解区域内流量需求的方法。在最近使用 BBM 法确定流量期间，人们已接受这样一种看法，根据月流量表和一系列保证对结果进行评估。这些表通常包括所有必要的可能流量条件（低流量和高流量），并代表了按传统的 BBM 法综合维持（或提高）流量和干旱需求。但是，当管理选项不包括对高流量的控制时，也需要能够生成只表示低流量需求的表（可能还包括一些较少的高流量事件）。储量定义示例表见表 7-3。

　　表 7-3 中包含的数据直接作为 BBM 法或 FSR 法的一部分生成数据，其中桌面模型用于定量定义储备要求。在这种情况下，最可靠的自然和当前流量数据仅限于月流量的时间序列。在其他情况下，如果需要获得具有合理代表性的每日流量数据，则通常使用 IFR 模型（Hughes 等，1997）。在 BBM 法中，它与 FSR 法同样兼容。

表 7 - 3				储 量 定 义 示 例 表				单位：$10^6 \, m^3$	
月份	天然流量占比/%								
	10	20	30	40	50	60	70	80	90	99
10	1.432	1.420	1.395	1.343	1.246	1.085	0.859	0.598	0.375	0.272
11	2.949	2.932	2.896	2.825	2.692	2.459	2.090	1.576	1.003	0.643
12	4.445	4.418	4.363	4.253	4.048	3.690	3.120	2.328	1.445	0.890
1	8.794	8.041	7.380	6.765	6.126	5.052	4.256	3.152	1.920	1.145
2	13.475	12.058	10.836	9.737	7.530	5.740	4.940	4.100	2.431	1.335
3	5.251	4.861	4.515	4.185	3.831	3.233	2.750	2.079	1.331	0.861
4	1.994	1.980	1.951	1.889	1.774	1.585	1.318	1.010	0.747	0.625
5	1.234	1.227	1.212	1.181	1.123	1.027	0.891	0.735	0.602	0.530
6	0.949	0.944	0.933	0.910	0.868	0.798	0.699	0.586	0.489	0.430
7	0.907	0.903	0.892	0.869	0.827	0.757	0.659	0.546	0.450	0.405
8	0.835	0.830	0.819	0.796	0.753	0.682	0.583	0.468	0.370	0.325
9	0.737	0.732	0.721	0.699	0.657	0.588	0.490	0.377	0.281	0.210

DRIFT 法使用的模型与 IFR 模型非常相似。DRIFT 法流量场景的输出格式是每日流量的时间序列，表示该场景的流量要求。此时间序列是根据构成 DRIFT 法中设定的十项流量类别结合不同的组合规范（针对特定场景）重建的。然后，可以使用与 IFR 模型输出相同的方式聚合此每日时间序列并生成持续时间曲线。如果需要排除部分或全部高流量的场景，则可以实现此目标并生成新的持续时间表。

因此，这三种方法都可以生成与水资源产量模型（water resource yield model，WRYM）中当前处理储备方式兼容的输出。目前正在开展更多的工作，以开发简化的软件，用于评估保护区对目前用水的影响，以及申请今后在没有主要水坝的较小流域的许可证。在这些情况下，水资源产量模型可能不合适，而且可能经常需要更快、更具效益的解决方案。目前已有的关于开发简化软件的工作都是以表 7 - 3 的形式为产出结果。

7.10 使用 DWAF 标准比较三种方法的性能

三种方法关键属性的比较见表 7 - 4。水务和林业部（Department of Water Affairs and Forestry，DWAF）提供了表 7 - 4 的标准，作为 BBM 法/DRIFT 法/FSR 法比较工作内容的一部分。每一个问题都是根据在布里德河流域研究中获得的经验来解决的。

表 7 - 4	三种方法关键属性的比较		
属　性	BBM 法	DRIFT 法	FSR 法
计算过程	说明性的	互动	互动
信息获取过程中的结构程度，便于重复	低	高	中等

续表

属　　性	BBM 法	DRIFT 法	FSR 法
旨在促进场景评估	否	是	是
专家输入的性质	特定流量的动机	流量改变的后果	流量改变的后果
水文输入数据 使用整个流量状态	是，使用长期数据集	是，使用长期数据集	仅处理低流量
是否使用月度水文数据	是的，但是置信度很低	为当前的日常数据而设计	是的，但是置信度很低
研讨会特征 研讨会期间开发的结构化数据组织	适度的	严格的	只适用于低流量
流量-生态数据库 场景开发的响应	否	是	否
支持定制软件的可用性	水电——是； 场景——否； 数据库——否	水电——是； 场景——是； 数据库——是	水电——是； 场景——发展中； 数据库——否
允许数量质量集成	是	是	是
水质 是否可以使用每月的水文数据 来准备水质成分	是	是	是
水质数据的要求和使用	相同		
是否可以使用每月的水文数据 来生成水质场景	否	否	否
场景开发结构化地使用场景中 的专家知识 创建/评估	否	是	是
是否可以帮助校准桌面模型	可以（但只能使用 推荐的生态类别）	是	是
在场景中考虑流量的大小、时间、 频率和持续时间的程度	低流量—低流量—高流量	低流量—高流量—高流量	低流量—高流量
输出特征 指定水流形态和相连河流 类别的可重复性	取决于专家和协调员的知识和专业。由于缺乏结构化的信息捕获，BBM 法可能是可重复性最差的		
与其他整体方法类似的结果	类似于 DRIFT 法	类似于 BBM 法	—
相容性与资源导向措施 适用于中级流量水平	是	是	是
流量表的制作	是	可以做	
制定资源质量目标	是	是——有足够的细节， 监测目标	是
以流量的形式输出数据	兼容的	兼容的	兼容的
概况 是否有熟练的从业人员	非常少	非常少	非常少

7. 11　结论

BBM 法、DRIFT 法和与 BBM 法相关的 FSR 都是一个共同过程的组成部分，旨在实现不同河流的特定资源保护。它们需要相似的输入数据，并提供符合保护区要求的输出。他们的综合评估费用是可比的。DRIFT 法和 BBM 法是更全面的，其中 DRIFT 法是最复杂的，但在开发知识库和监测指导方面提供了最大的回报。DRIFT 法和 BBM 法在不同等级河流流量方面的差异可能高达年平均径流量的 10％（表 7 - 2），但这样的差异并不稳定，无法准确预测两种方法获取结果的高低。这种差异似乎是由于他们在规则生成过程中处理大洪水的方式不同造成的。

参 考 文 献

[1]　Acreman M C，Ferguson A J D. Environmental flows and the European water framework directive [J]. Freshwater biology, 2010, 55 (1)：32－48.

[2]　Beilfuss R D. Hydrological disturbance, ecological dynamics, and restoration potential：the story of an African floodplain [D]. Madison：University of Wisconsin, 2001.

[3]　Beilfuss R D, Brown C. Assessing environmental flow requirements for the marromeu complex of the Zambezi Delta：application of the DRIFT Model [M]. Museum of Natural History, Mozambique, 2006.

[4]　Beilfuss R D, Davies B R. Prescribed flooding and wetland rehabilitation in the Zambezi Delta, Mozambique [M]//An international perspective on wetland rehabilitation. Dordrecht：Springer Netherlands, 1999.

[5]　Beilfuss R, Brown C. Assessing environmental flow requirements and trade－offs for the Lower Zambezi River and Delta, Mozambique [J]. Intl. J. River Basin Management, 2010, 8 (2)：127－138.

[6]　Brizga S, Arthington A, Bennett J, et al. Moreton and Gold Coast environmental investigations：environmental flow assessment framework and scenario implications for draft Moreton and Gold Coast water resource plans [M]. Mines and Water, 2006.

[7]　Brown C, Pemberton C, Birkhead A, et al. In support of water－resource planning－highlighting key management issues using DRIFT：A case study [J]. Water Sa, 2006, 32 (2)：181－192.

[8]　Brown C A, Joubert A. Using multicriteria analysis to develop environmental flow scenarios for rivers targeted for water resource management [J]. Water Sa, 2003, 29 (4)：365－374.

[9]　Brown C A, Joubert A R, Beuster J, et al. DRIFT：DSS software development for Integrated Flow Assessments [R], 2013.

[10]　Brown C A, Louw D. Breede River Basin：DRIFT Application. DRIFT：WRC Report Set No. 177 005 3581. Report to Water Research Commission and Department of Water Affairs and Forestry, South Africa [R]. Unpublished Consultancy Report, 2002.

[11]　Brown C A, Sparks A, Howard G. Palmiet River instream flow assessment：instream flow requirement for the riverine ecosystem [C]//Proceedings of the IFR workshop and determination of associated dam yields, 2000.

[12]　Gildenhuys A. The National Water Act [J]. De Rebus, 1998, 371：58－62.

[13]　Hall A, Valente I, Burholt M S. The Zambezi River in Mozambique：the suspended solids regime and composition of the middle and lower Zambezi prior to the closure of Cahora Bassa Dam [R]. Unpublished report. Departmento da Quimica, Universidade Aveiro, Portugal, 1977.

[14]　Hughes D, O'KEEFFE J, Smakhtin V, et al. Development of an operating rule model to simulate time series of reservoir releases for instream flow requirements [J]. Water SA, 1997, 23 (1)：21－30.

[15]　Hughes D A, Andersson L, Wilk J, et al. Regional calibration of the Pitman model for the Okavango River [J]. Journal of Hydrology, 2006, 331 (1－2)：30－42.

[16]　Hughes D A, Münster F. Hydrological information and techniques to support the determination of the water quantity component of the ecological reserve for rivers [R], 2000.

[17]　King J, Brown C, Sabet H. A scenario－based holistic approach to environmental flow assessments

for rivers [J]. River research and applications, 2003, 19 (5 – 6): 619 – 639.

[18] King J, Louw D. Instream flow assessments for regulated rivers in South Africa using the Building Block Methodology [J]. Aquatic Ecosystem Health & Management, 1998, 1 (2): 109 – 124.

[19] King J M, Tharme R E, De Villiers M S. Environmental flow assessments for rivers: manual for the Building Block Methodology [R], 2000.

[20] King J, Brown C. Environmental flows: striking the balance between development and resource protection [J]. Ecology and Society, 2006, 11 (2): 1 – 22.

[21] King J, Brown C. Integrated basin flow assessments: concepts and method development in Africa and South – east Asia [J]. Freshwater Biology, 2010, 55 (1): 127 – 146.

[22] King J, Brown C, Sabet H. A scenario – based holistic approach to environmental flow assessments for rivers [J]. River research and applications, 2003, 19 (5): 619 – 639.

[23] King J, Pienaar H. Sustainable use of South Africa's inland waters: a situation assessment of Resource Directed Measures 12 years after the 1998 National Water Act [R], 2011.

[24] Kleynhans C J. A qualitative procedure for the assessment of the habitat integrity status of the Luvuvhu River (Limpopo system, South Africa) [J]. Journal of Aquatic Ecosystem Health, 1996, 5: 41 – 54.

[25] Kleynhans C J, Louw M D, Moolman J. Reference frequency of occurrence of fish species in South Africa [R]. Report produced for the Department of Water Affairs and Forestry (Resource Quality Services) and the Water Research Commission, 2007.

[26] Kleynhans C J, Louw M D, Moolman J. River Classification: Manual for EcoStatus Determination (version 2). Module D, Volume 2: Reference frequency of occurrence of fish species in South Africa [R]. Water Research Commission, 2008.

[27] Mazvimavi D, Motsholapheko M R. Water resource use and challenges for river basin management along the ephemeral Boteti river, Botswana [J]. Towards a new water creed: Water management, governance and livelihood in southern Africa, 2008: 65 – 74.

[28] Mendelsohn, John, Selma El Obeid. Okavango River: the flow of a lifeline: Struik [M], 2004.

[29] O'Keeffe J, Hughes D, Tharme R. Linking ecological responses to altered flows, for use in environmental flow assessments: the Flow Stressor—Response method [J]. Internationale Vereinigung für theoretische und angewandte Limnologie: Verhandlungen, 2002, 28 (1): 84 – 92.

[30] ODMP, Department of Environmental Okavango delta management plan: Department of Environmental Affairs Gaborone [M], 2008.

[31] Pitman W V. A mathematical model for generating river flows from meteorological data in South Africa. Hydrological Research Unit [R], 1973.

[32] Poff N L, Richter B D, Arthington A H, et al. The ecological limits of hydrologic alteration (ELOHA): a new framework for developing regional environmental flow standards [J]. Freshwater biology, 2010, 55 (1): 147 – 170.

[33] Tha D, Seager D. Linking the future of environmental flows in the Zambezi Delta [R]. World Wildlife Fund, Lusaka, 2008.

[34] Wilk J, Kniveton D, Andersson L, et al. Estimating rainfall and water balance over the Okavango River Basin for hydrological applications [J]. Journal of Hydrology, 2006, 331 (1 – 2): 18 – 29.

[35] Wolski P, Savenije H H G, Murray – Hudson M, et al. Modelling of the flooding in the Okavango Delta, Botswana, using a hybrid reservoir – GIS model [J]. Journal of Hydrology, 2006, 331 (1 – 2): 58 – 72.

[36] 侯俊, 张越, 敖燕辉, 等. 下游河道对流量变化响应法的研究理论及进展 [J]. 人民珠江, 2023, 44 (1): 1 – 11.

第 4 篇

下游对流量变化的
响应法展望

引言

本篇内容主要从指标因素、社会因素及经济因素等方面整理了当前生态流量研究存在的主要问题以及未来生态流量研究展望，同时总结了下游对流量变化的响应法的开发意义，从信息处理、简化过程、编写资料等方面对该方法提出了九条改进建议。

第8章 下游对流量变化的响应法结论及应用

8.1 生态流量研究存在的问题

国外针对生态流量研究已从单一的水文学法过渡到多学科融合的整体法并逐步形成完整的生态流量评估体系。相比国外，我国在生态流量概念、计算方法以及规范指南等方面积累了一定的成果，但仍存在以下问题：

1. 研究方法缺乏创新，监测指标选择单一

目前水文学法在我国生态流量研究中仍占据主导位置。尽管有多项实践研究对该方法进行了完善与改进，但该类方法的应用仍依赖于气候稳定假说（Gersonius 等，2013），21 世纪以来人类活动对全球气候的影响不断加强，气温与降水成为河流水文情势分析中不可忽略的要素，为生态流量的研究造成新的困难，依靠传统水文学法对河道水文过程的评估与计算将难以适用于当前背景下生态流量的研究（Gholami 等，2020）。并且，生态流量的评估与计算应注重生态系统的整体性。尽管生态流量在工程调度及生态保护工作中逐渐受到重视，但在研究过程中仍存在物种选择单一、水文因子考虑不全等问题。物种选择方面大部分研究主要针对当地经济鱼类或保护物种，忽略了不同物种的繁殖习性以及不同生命周期对生态流量需求不同等因素。水文因子评估方面，目前我国的相关研究往往注重单因子对水环境质量的影响程度，流量、水质、水文、水位等各因子间的相互作用以及与生态系统的响应关系有待进一步识别与量化。

2. 生态因子耦合度低，社会效益考虑不周

传统的生态流量评估方法应用水文指标间接反映生态变化（Mathews 和 Richter，2007），而后发展的生物栖息地法也主要从单个物种或群落角度研究流量变化对生态系统造成的影响，忽略了生态系统的整体性。在原始数据、成本、技术的制约下，许多方法无法将河道地质形态、水质条件、生物关系等多方面外部因素作为生态流量计算的影响因素并分析各因子间的叠加效应（张媛等，2014）。河流物种及主要功能如图 8-1 所示，不同物种在水生态系统中的作用及影响因子不同，形成了种类繁多的河湖生态流量计算方法，对生态流量监测指标的选择模糊以及缺乏流域水资源变化下生态响应关系的归纳总结是目前生态流量研究存在的主要问题。社会效益方面，新发布的《布里斯班宣言》（*Brisbane Declaration*）将人类可持续发展与社会福祉融入生态流量的考虑中，而当前生态调度研

究中对社会效益的考量主要集中在防洪与灌溉中（乔钰和胡慧杰，2019），对饮用水消耗及公共卫生安全等涉及水资源开发利用的社会效益问题考虑不周。对比中外生态流量研究热点情况可得当前我国在生态流量评估理论体系建设及生态系统尺度应用方面还存在一定差距。社会、物种、生态等各层次间的相互制约关系有待进一步关注与探讨。

图 8-1　河流物种及主要功能

3. 经济评估未考虑生态补偿机制

生态流量的研究结果能用于统筹协调水利工程运行调度过程中产生的经济、社会及生态环境效益的关系（Wang 等，2016）。然而当前水利工程运行调度对经济效益的评估主要停留在水力发电的量化，缺乏对生态资源直接消耗以及受影响区域补偿成本的考量。为解决生态变化带来的经济损失，专家学者提出生态补偿的概念，以经济手段调节地区间的利益关系，促进补偿活动以实现生态系统的保护及可持续利用。生态补偿机制目前在国内外都有相关应用（McAfee，2012；杨玉霞等，2020），但大部分研究相对独立且主要发生在环境恶化以后的阶段。水生生态系统的保护应当坚持预防为主、防治结合、综合治理的原则，然而目前生态流量的计算缺乏对于经济效益的全面评估及生态补偿机制的耦合研究。如何在生态流量评估阶段综合量化各计算方案下的河流资源的使用价值，平衡各地区的经济发展条件是当前我国生态流量研究领域的主要问题。

8.2　生态流量研究展望

目前对于生态流量的研究仍处于逐步深化的阶段，其管理方面需要做到转变发展理念、规范相关指标。针对生态流量研究存在的主要问题，应该在总结实践经验的基础上对研究方法做进一步完善，未来生态流量的研究可以从以下几个方面展开。生态流量研究展望如图 8-2 所示。

1. 重视生物多样性因素，扩大指示性物种选择范围

同其他水生生物相比，鱼类在水生态系统中有着独特的位置，作为水生态系统中的顶级群落，鱼类在环境因子的影响下会产生各种适应环境的变化，因此常被作为水生态系统中稳定的指示物。但仅研究鱼类生长环境及群落结构并不能保证水生态系统中其他物种的繁殖发育，因此未来的研究应逐步扩大指示性物种的种类及数量，随着研究进展的深入，底栖动物、浮游植物、浮游动物、高等水生植物等逐渐被研究人员纳入到指示性物种的研究范围。调查更多物种对于水生态系统的指示作用，保障生物多样性将是未来研究努力的目标与方向。

2. 增加生态水文因子的选择，完善生态系统服务评价指标体系

水文因子是生态流量研究中影响指示物种的重要因素，生态水文指标体系的发展历程

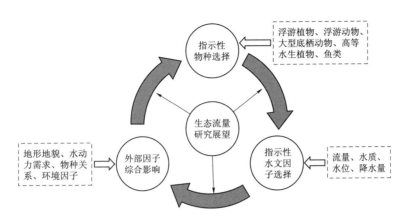

图 8-2 生态流量研究展望

主要包括了水文改变指标、变化范围法与生态流量成分三个部分（Mathews 和 Richter，2007；Richter 等，1997；Richter 等，1998）。水文因子除目前主要研究的流量、水质外，还包括了水位、水温、降水量等，各种水文因子的变化均会对水生态系统产生显著影响，如地表水位及地下水位的变化影响大型底栖动物的群落分布及物种丰富度，水体温度限制了浮游藻类的生长发育。因此，逐步扩大具有指示意义的生态水文因子的选择范围，提高研究的广泛性与可行性是未来生态流量研究中非常有意义的课题。并且，流量变化下社会经济效益的响应情况要在理论研究及实际工程调研中不断完善，形成可供参考的逻辑链，以鱼类分析为例，鱼类以藻类及底栖动物为食，同时各物种受到不同类型流量及环境因子影响，鱼类丰富度会对河流周边居民生存及经济发展产生影响，根据各学科专家意见及现场调研情况，总结各项与鱼类相关的物种、流量及生态系统成分并绘制链接图。通过不断丰富流量变化下的社会经济效益响应案例，可以有效完善生态系统服务评价指标体系。

3. 考虑外部因子的综合影响

针对各类物种所需生态流量的研究应广泛应用生物栖息地法，参数选择不仅要包括流量、水质等指标，还应该对地形地貌、水位、生物关系等多方面外部因素进行综合分析。对于河湖生态流量的研究不仅要关注生物繁殖行为对水文、水动力的需求，同时还应该研究其生长发育所需流量，保证物种在整个生命周期正常发育与繁殖。目前专家学者也在逐步向这一方面迈进，尝试运用各类数学及物理模型对水利枢纽调度进行模拟并寻求优化的生态调度方案，但大部分的研究还仅仅是将各类调度目标进行简单结合计算，对于各因子之间的叠加效应考虑还不完善，这也将是未来研究发展的方向。

8.3　DRIFT 法开发的意义

DRIFT 法是一种具有综合性的生态流量评估方法，该方法目前处于应用及发展阶段。DRIFT 法相比于已有的生态流量评估方法具备以下创新属性：

（1）DRIFT 法可自定义建立一组数据库，记录研究区域内所有非生物与生物组成因素及变化特征，可有效表征流量变化对于河流生态系统的影响。

（2）DRIFT 法包含的水文软件可将现场监测及收集整理的流量数据转化为适配数据

库及通用列表的特殊形式，并根据流量变化范围分级定义河流生态系统的变化状态。

（3）DRIFT 法设计的通用列表将水文、生态、社会、经济等多方数据建立联系并储存在数据库中，为生态模型的预测框架提供了雏形。

（4）DRIFT 法提供场景设计软件并基于数据库资料创建生态系统变化场景，以此研究流量变化下的生态系统响应情况。

（5）DRIFT 法构建了河流生态系统变化与人类社会发展之间的响应关系。

（6）DRIFT 法对生态系统变化的预测结果可为工程建设及社会发展提供参考。

DRIFT 法可对生态保护区进行全面评估，应用该方法得出的研究结果满足了政府在资源导向措施方面的相关要求。该方法投入的时间与人力资源与目前综合保护区内已有的评估方法大致相同，且该方法具备一项优势，即通过该方法获得的河道流量变化与生态系统响应状况等基础数据可以存储在数据库中，数据库可在日后的实际工程案例中不断积累，为今后相关的生态流量评估工作提供参考，并快速创建相应的流量变化与生态系统响应场景。

8.4　DRIFT 法改进建议

DRIFT 法在经济效益与社会效益评价中具有独特优势，在未来对方法的改进中应考虑以下几类问题。

8.4.1　建立信息关系链

目前大部分的生态流量评估工作都是在信息不完善的基础上根据现有及实测数据与模拟分析共同完成。应用整体法进行生态流量评估工作必须对研究对象及研究区域基础数据的变化关系做充足研究，以便分析各项研究结果并预测生态系统在不同流量下的响应情况。随着研究范围扩大以及新的信息出现，应选择固定时段更新信息库，并以此修改环境足迹流动机制，使生态流量信息库成为一个实时更新的工具。

8.4.2　开发信息库

随着研究不断深入，生态流量团队的研究人员逐渐开始向自身研究范围以外扩展。在生态流量研究过程中获取研究区域相关信息最快捷的方法是对受河流变化影响较大的区域进行有组织、有重点的监测。制定监测方案时应控制规模，避免过高的成本，典型的方法是"四管齐下"：①根据专家团队意见选择适当的研究对象并做好资金预算，保证在选择的研究对象上花费的时间与经费可以转换为具有高度可靠性的研究结果；②通过已有经验对研究对象潜在的变化情况做出全面分析，以保证专家学者对生态系统发展方向做准确预测；③应用综合评价结果对研究过程中涉及的模拟模型进行率定，使其能更好地反映研究区域水文及生态变化特征；④多方专家学者对研究区域河流实施针对性监测计划，丰富信息库的储备情况，提高预测精度。

8.4.3　河流变化程度等级划分

生态系统的变化场景主要用于响应流量变化带来的影响，同时该变化场景可以有效表征对河流状况的预测。河流变化程度分级一般设置 A 级为天然河流，E/F 级为河流发生严重退化。在已有的整体法 BBM 法及 FSR 法应用中由专家团队对流量变化后河流生态系统在未来的变化情况进行评估，缺少系统性的评估指南。目前 DRIFT 法依靠 DRIFT - SOLVER 软件产生流量场景并按照通用列表规则对河流生态系统变化程度进行评价，但该评价过程只是一个初步的估计，其中应用的评价方法及流程需要在实际监测方案中加以验证及完善。

8.4.4 编写相关手册

在现有的生态流量整体法中，BBM 法在经过了 15 次实际水资源项目应用后逐渐被确定为一种可行的生态流量评估方法，并针对该方法编写相关的技术手册（King 等，2000）。目前 DRIFT 法的使用说明及应用情况在许多国际出版物中都有详细描述（Arthington 和 Pusey，2003；Davis 和 Hirji，2003），建议结合已有资料形成系统性技术指南并在相关领域大力推广。

8.4.5 设计数据库保护程序

为保证研究数据的安全性，建议将 DRIFT 数据库从 Excel 软件转移至 Delphi 软件包中做进一步开发，如设置相关密码程序防止数据资料被盗或修改，同时设置自动备份程序，保证新数据合并及场景更新后原始数据不会丢失。

8.4.6 精简决策过程

目前 DRIFT 法主要采用宏观评价的方式补充整体法对于各项场景下的社会经济评估结果，然而由于缺少资金支持，且以往大部分经济效益评估是在工程建设结束后由政府决定是否开展的，因此目前大部分实际工程项目评估中并没有涉及经济模块。未来在应用DRIFT 法进行生态流量评估时，一旦设计方案得到了参与者及政府批准后，整套评估过程应包含社会经济评估。因此 DRIFT 法应精简决策过程，为经济评估留下空间，同时与政府等机构组织加强沟通以便获得更多资金及人员支持。

8.4.7 增加对生态系统服务的评估

生态系统服务是指生态系统与生态过程所形成的维持人类生存的自然环境条件（Ehrlich 和 Ehrlich，1981）。目前 DRIFT 法可完成流量变化下的社会及经济评估，但相关评估体系并不包括生态系统服务评估。生态系统服务研究是生态系统评估的核心，为自然资源的合理利用及保护提供理论依据。因此 DRIFT 法在后续的研发及更新中应考虑结合生态系统服务理论，探讨流量变化下生态系统服务条件的响应关系。

8.4.8 考虑集水区沉积物污染等特殊情况

DRIFT 法以水文时间序列作为所有变化预测的起点。然而，实际工程运行过程中会出现部分特殊河道特征。例如上游的泥沙由于大坝阻隔而在水库内沉淀淤积，无法通过设计场景中的路线流向下游，通过原方案预测大坝下游流量变化对河流生态系统的影响忽略了泥沙拦截对下游河道的潜在危害。目前 DRIFT 法无法对类似特殊河道特征造成的影响进行有效评估，因此需要在后续的研究中将特殊流量状况纳入到 DRIFT 法评估过程中。

8.4.9 绘制响应曲线

绘制响应曲线是对河流生态系统进行评估及预测的关键。响应曲线的绘制主要基于数据库数据，目前 DRIFT 法数据库数据主要来源包括已有基础数据、专家决策意见及实地调研监测数据。该数据库为今后生态流量相关评估工作提供数据支撑，但是受限于生态系统的复杂性，数据库的更新速度缓慢，造成部分预测及决策结果存在偏差，无法维持当地河流生态系统结构及功能的完整性。这也是制约 DRIFT 法发展的主要原因。因此，对数据库的补充与更新应成为未来的研究重点，政府及科研机构应设立相应的研究课题鼓励科研人员对河流生态系统发展与进化规律展开深入研究。此外，还可以考虑设立专门的机构收集整理研究数据，通过各学科成员间的沟通交流，在评估过程中纳入更多学科及指标，建立一个以 DRIFT 法为基础，适用于各项水资源管理及河流健康评价项目的资料库，为响应曲线的绘制提供数据支撑。

应用下游河道对流量变化响应法可以从社会、经济、生态效益三方面对不同生态流量场景下区域发展与生态系统健康状况进行有效评估。目前我国对生态流量整体法有一定的尝试应用，但对于经济效益及生态补偿研究的融合仍缺少丰富的实践经验，因此 DRIFT 法在我国具有较好的应用前景。

参 考 文 献

［1］ Arthington A H，Pusey B J. Flow restoration and protection in Australian rivers ［J］. River research and applications，2003，19 （5 - 6）：377 - 395.

［2］ Davis R，Hirji R. Water resources and environment technical note c1，environmental flows：concepts and methods ［M］. Washington：The World Bank，2003.

［3］ Ehrlich P，Ehrlich A. Extinction：the causes and consequences of the disappearance of species ［M］. New York：Random House，1981.

［4］ Gersonius B，Ashley R，Pathirana A，et al. Climate change uncertainty：building flexibility into water and flood risk infrastructure ［J］. Climatic change，2013 （116）：411 - 423.

［5］ Gholami V，Khalili A，Sahour H，et al. Assessment of environmental water requirement for rivers of the Miankaleh wetland drainage basin ［J］. Applied Water Science，2020 （10）：1 - 14.

［6］ King J M，Tharme R E，De Villiers M S. Environmental flow assessments for rivers：manual for the Building Block Methodology ［M］. Pretoria：Water Research Commission，2000.

［7］ Mathews R，Richter B D. Application of the Indicators of hydrologic alteration software in environmental flow setting ［J］. JAWRA Journal of the American Water Resources Association，2007，43 （6）：1400 - 1413.

［8］ McAfee K. The contradictory logic of global ecosystem services markets ［J］. Development and change，2012，43 （1）：105 - 131.

［9］ Richter B，Baumgartner J，Wigington R，et al. How much water does a river need? ［J］. Freshwater biology，1997，37 （1）：231 - 249.

［10］ Richter B D，Baumgartner J V，Braun D P，et al. A spatial assessment of hydrologic alteration within a river network ［J］. Regulated Rivers：Research & Management：An International Journal Devoted to River Research and Management，1998，14 （4）：329 - 340.

［11］ Wang C，Yu Y，Wang P F，et al. Assessment of the ecological reservoir operation in the Yangtze Estuary based on the salinity requirements of the indicator species ［J］. River research and applications，2016，32 （5）：946 - 957.

［12］ 乔钰，胡慧杰. 黄河下游生态水量调度实践 ［J］. 人民黄河，2019，41 （9）：26 - 30.

［13］ 杨玉霞，闫莉，韩艳利，等. 基于流域尺度的黄河水生态补偿机制 ［J］. 水资源保护，2020，36 （6）：18 - 23.

［14］ 张媛，许有鹏，于志慧，等. 太湖西苕溪流域环境流量评价分析 ［J］. 水利学报，2014，45 （10）：1193 - 1198.